FORSCHUNGSBERICHTE DES LANDES NORDRHEIN-WESTFALEN

Nr. 2074

Herausgegeben im Auftrage des Ministerpräsidenten Heinz Kühn
von Staatssekretär Professor Dr. h. c. Dr. E. h. Leo Brandt

Prof. Dr.-Ing. habil. Wilhelm Anton Fischer
Dr.-Ing. Helmut Frye

Max-Planck-Institut für Eisenforschung, Düsseldorf

Das Zonenschmelzen von weichmagnetischen Stählen und sein Einfluß auf den Verlauf der Konzentration und die Ausbildung des Makrogefüges in Stäben bis 60 mm Durchmesser

SPRINGER FACHMEDIEN WIESBADEN GMBH 1969

ISBN 978-3-663-12834-2 ISBN 978-3-663-14477-9 (eBook)
DOI 10.1007/978-3-663-14477-9

Verlags-Nr. 012074

Inhalt

Einleitung und Zielsetzung 5

Schrifttum 5

Versuchanordnung und Durchführung 6

Versuchsergebnisse 7

Verteilung der Begleitelemente und Ausbildung des Makrogefüges 7

a) Armcoeisen 7

b) Dynamostahl und Transformatorstahl 10

Zusammenfassung 17

Literaturverzeichnis 18

Anhang 20

a) Tabellen 20

b) Abbildungen 31

Einleitung und Zielsetzung

In siliziumhaltigen Eisenlegierungen verteilt sich selbst bei sehr langsamer Erstarrung das Silizium fast gleichmäßig auf die feste und flüssige Phase. Silizium seigert praktisch nicht; sein Verteilungskoeffizient liegt wenig unter dem Wert 1. Im Gegensatz dazu haben die nichtmetallischen Eisenbegleiter kleinere Verteilungskoeffizienten. Hiernach müßte es also möglich sein, siliziumhaltige Eisenlegierungen durch Zonenschmelzen von den unerwünschten nichtmetallischen Beimengungen weitgehend zu befreien, was für ihre magnetischen Eigenschaften und für ihre technische Verwendung von Bedeutung ist.

Das Ziel der vorliegenden Arbeit war, erstmalig Versuche über das Zonenschmelzen von technischen Siliziumstählen größerer Querschnitte mit 35 und etwa 60 mm Durchmesser durchzuführen, die Verteilungskurven der Begleit- und Legierungselemente für verschiedene Erstarrungsgeschwindigkeiten aufzunehmen und die Ausbildung des Makrogefüges an den zonengeschmolzenen Knüppeln zu verfolgen.

Zur Abrundung dieser Untersuchungen an den siliziumhaltigen, weichmagnetischen Stählen wurden auch Zonenschmelzversuche an Armcoeisen durchgeführt, um die Verteilung der Begleitelemente bei Gegenwart von Sauerstoff festzuhalten.

Schrifttum

Im Schrifttum liegen zahlreiche Untersuchungen über das Zonenschmelzen von Elektrolyteisen und Reineisen [1–28] sowie binären [6, 10, 29–31] und ternären [29] Eisenlegierungen vor.

Erste Untersuchungen an technischen Stählen führten W. A. Fischer und R. Uberoi [29] an Stäben mit 10 mm Durchmesser aus beruhigten und unberuhigten weichen Siemens-Martin- und Thomasstählen durch. Sie stellten fest, daß die Verteilungskoeffizienten bei gleichen Schmelzgeschwindigkeiten für die Elemente Kohlenstoff, Silizium, Mangan, Phosphor, Schwefel und Sauerstoff in diesen technischen Stählen mit denen der binären und ternären Reineisenlegierungen praktisch übereinstimmen. In zwei weiteren Arbeiten von T. Ooka, H. Minura, S. Yano und S. Soeda [15] sowie Y. Nakamura und Mitarbeiter [32] wird ebenfalls über das Zonenschmelzen von technischen unlegierten Stählen berichtet.

Zur Herstellung von stengelkristallisierten Alnico-Legierungen wendeten A. Hoffmann und H. Stäblein [33] das Zonenschmelzen auf legierte Stähle an, wobei Rundstäbe bis 30 mm Durchmesser geschmolzen wurden.

In weitgehender Übereinstimmung mit vereinzelten Angaben [34, 35] über Verteilungskoeffizienten von Alnico-Legierungen ermittelten A. Hoffmann und H. Stäblein Verteilungskoeffizienten, die insbesondere für die Elemente Schwefel, Kohlenstoff und Aluminium bezogen auf gleiche Abkühlungsgeschwindigkeiten stark von der Zusammensetzung der Alnico-Legierung abhängig sind. Bei Legierungen mit Schwefelgehalten zwischen 0,20 % und 0,40 % lagen die Verteilungskoeffizienten für Schwefel, Kohlenstoff und Sauerstoff sogar über dem Wert 1.

Versuchsanordnung und Durchführung

Zur Durchführung des Zonenschmelzens der 35-mm-Rundstäbe stand ein Hochfrequenz-Röhrengenerator mit einer Leistung von 15 kW und einer Frequenz von 450 kHz zur Verfügung. Zum Aufschmelzen wurde ein wassergekühlter Induktor aus Kupferrohr (eine Windung) benutzt, dem zur optimalen elektrischen Anpassung ein Hochfrequenz-Transformator vorgeschaltet war.

Der zu schmelzende Probestab konnte auf einem Schlitten mit verschiedenen Geschwindigkeiten durch den feststehenden Induktor geschoben werden. Die notwendige gleichförmige Bewegung des Schlittens bewirkte ein Drehstrom-Reluktanzmotor von 50 Watt mit auswechselbaren Getrieben über eine Gewindespindel, die in einer am Schlitten befestigten geteilten Schloßmutter lief.

Abb. 1* zeigt eine schematische Anordnung des Schlittens und der Schmelzeinrichtung. Der Tiegel 2 für den Probestab 1 ist rohrförmig ausgebildet. Als Werkstoffe für diesen Tiegel dienten Sillimanit, Tonerde und Schmelzkalk. Die Rohre aus Schmelzkalk wurden selbst hergestellt. Der jeweils verwendete Tiegel ist in ein Quarzrohr 3 eingeführt, das mit den Kühlköpfen 4 luftdicht verschlossen werden kann. Durch die Rohrstutzen 5 an den Kühlköpfen kann Schutzgas über das Schmelzgut geleitet werden. Bei den vorliegenden Versuchen wurde dazu nachgereinigtes Argon benutzt. Durch das Schauglas 6 konnte der Schmelzvorgang beobachtet werden. Das Außenrohr 3 hatte einen Innendurchmesser von 50 mm bei einer Länge von 1000 mm; das Innenrohr war wie der Probestab etwa 600 mm lang. Für die Herstellung der Rohre aus Schmelzkalk wurde eine Form von 600 mm Länge und 48 mm Innendurchmesser verwendet, in die ein Eisenkern von 38 mm Außendurchmesser hineingestellt wurde. Auf diese Weise konnten Kalkrohre mit 5 mm Wandstärke gestampft werden. Im Anschluß an das Stampfen wurde der Kern aus dem Kalkrohr herausgezogen und die in Halbschalen geteilte Form entfernt. Zur Sinterung wurde in dem aufrecht stehenden Kalkrohr ein Kohlestab von 20 mm Durchmesser induktiv erhitzt.

Zum Zonenschmelzen der Rundknüppel mit etwa 60 mm Durchmesser wurde ein Maschinengenerator mit einer Leistung von 100 kW und einer Frequenz von 10 kHz benutzt. Zur Abstimmung des Induktors (eine Windung) an diesem Generator diente wieder ein zusätzlicher Transformator. Die grundsätzliche Anordnung zum Zonenschmelzen (Abb. 1) wurde beibehalten. Das Außenrohr 3 war bei dieser Anlage 2000 mm lang und hatte einen Innendurchmesser von 80 mm. Abb. 2 zeigt eine photographische Aufnahme dieser Anlage während des Schmelzens.

Als Versuchswerkstoffe dienten Armcoeisen, Dynamostähle mit 0,8% und 1,8% Si sowie Transformatorstähle mit 2,9% und 3,8% Si**. Die Analysen dieser Stähle sind in der Tab. 1 zusammengestellt. Das Versuchsmaterial wurde in Form von quadratischen Knüppeln angeliefert. Die Knüppel wurden für die jeweilige Zonenschmelzanlage auf die entsprechenden Abmessungen heruntergeschmiedet und anschließend blankgedreht. Sie waren 600 mm bzw. 1000 mm lang.

Vor Beginn des Zonenschmelzens wurde die betreffende Anlage nach Einführen des Probestabes mehrere Male evakuiert und wieder mit Argon gefüllt, um die letzten Luftreste zu beseitigen. Während des Schmelzens wurde Argon mit 10 l/min durch die Anlage geleitet. Die Temperatur konnte in der flüssigen Zone thermoelektrisch ge-

* Die Abbildungen stehen im Anhang ab Seite 31.

** Das Versuchsmaterial wurde dankenswerterweise von der August-Thyssen-Hütte AG, Werk Ruhrort, zur Verfügung gestellt.

messen werden. Sie lag zwischen 1520 und 1540°C und war weitgehend unabhängig von der aufgegebenen Leistung. Eine Leistungserhöhung führte zu einer längeren Schmelzzone. Die Leistung wurde so eingestellt, daß bei den 35-mm-Stäben das Verhältnis von Schmelzzonenlänge zur gesamten zonengeschmolzenen Stablänge 1:10 und bei den 60-mm-Stäben 1:8 betrug. Das Zonenschmelzen wurde mit Geschwindigkeiten zwischen 2,25 mm/h und 68 mm/h durchgeführt. Einige Stäbe wurden mehrfach mit jeweils gleicher Geschwindigkeit zonengeschmolzen.
Die zonengeschmolzenen Stäbe formen sich in das als Tiegel dienende keramische Rohr aus Sillimanit, Tonerde oder Schmelzkalk ein, wie das Photo in Abb. 3 erkennen läßt. Nach dem Schmelzen wurden die Ober- und Unterseite der Stäbe plangeschliffen und durch eine Makroätzung mit wäßriger Salpetersäure das Erstarrungsgefüge sichtbar gemacht. Anschließend erfolgte ein Zerschneiden der Stäbe in Segmente, die etwa der Schmelzzonenlänge entsprachen. Hieraus wurden Proben für die chemische Analyse entnommen.
Die chemischen Analysen wurden nach den für die einzelnen Elemente heute im Eisenhüttenlaboratorium üblichen Methoden [36] durchgeführt. Wegen der geringen Schwefelgehalte wurde zur Erhöhung der Empfindlichkeit der konduktometrischen Analyse die schwefelsäurehaltige Absorptionslösung auf $^1/_{10}$ der üblichen Konzentration verdünnt.

Versuchsergebnisse

Verteilung der Begleitelemente und Ausbildung des Makrogefüges

a) Armcoeisen

Die Hauptverunreinigung im Armcoeisen ist der Sauerstoff, dessen Konzentration bei dem vorliegenden Probenmaterial bis zu 0,09% betrug. Durch den hohen Sauerstoffgehalt ist es möglich, beim Zonenschmelzen von Armcoeisen die sauerstoffaffinen Begleitelemente über ihre Oxyde zu entfernen, wie das im Schrifttum beim oxydierenden Zonenschmelzen angestrebt wird, bei dem allerdings die Schutzgasatmosphäre mit Sauerstoff angereichert ist [16].
Für die Abscheidung der im Probestab gebildeten Oxyde ist ihre Reaktion mit dem Tiegelmaterial von Bedeutung. So gelingt beispielsweise die Entfernung von Phosphor aus sauerstoffhaltigem Eisen durch Zonenschmelzen bei basischen Tiegeln besser als bei sauren Tiegeln.
Abb. 4 zeigt die Phosphorverteilung nach dem Zonenschmelzen von Armcoeisen in Tiegeln aus Korund, Sillimanit und Kalk mit Schmelz- bzw. Erstarrungsgeschwindigkeiten von 68 mm/h und 11,3 mm/h. In diesem Bild ist das Konzentrationsverhältnis C/C_0 gegen das Längenverhältnis x/L dargestellt.

- C_0 ist die Konzentration des gelösten Stoffes im Ausgangswerkstoff, in diesem Falle des Phosphors;
- C ist die Konzentration des gelösten Stoffes an der Stelle x/L des Stabes nach dem Zonenschmelzen;

x ist die Länge vom Stabanfang* bis zum Ort der Konzentration C des Stabes $(0 \leqq x \leqq L)$;

L ist die geschmolzene Stablänge bei Beendigung des Versuches.

Für die sogenannte normale Verteilung, bei der weder eine Abdampfung noch eine Gasreaktion oder Tiegelreaktion stattfindet, gilt nach einem Zonendurchgang der Ausdruck [37]

$$C/C_0 = 1 - (1 - k) \exp(- k \cdot x/l). \quad (1)$$

Darin ist k der effektive Verteilungskoeffizient für eine bestimmte Erstarrungsgeschwindigkeit und l die Länge der Schmelzzone, die für die 35 mm-Stäbe $0{,}1 \cdot L$ und für die 56- und 61 mm-Stäbe $0{,}125 \cdot L$ beträgt.

Nach dem Schmelzen mit 68 mm/h ist in den Tiegeln aus Korund und Sillimanit nur eine schwache Erniedrigung des Phosphorgehaltes gegenüber dem Ausgangsgehalt festzustellen, die am Stabanfang etwa 10 bis 20% beträgt. Im Kalktiegel beträgt sie für die gleiche Erstarrungsgeschwindigkeit etwa 55 bis 60% und bleibt im Gegensatz zu einer normalen Verteilungskurve fast über die ganze Stablänge konstant. Die geringere Schmelzgeschwindigkeit von 11,3 mm/h erbringt im Kalktiegel eine Erniedrigung des Phosphorgehaltes um sogar etwa 80% des Ausgangsgehaltes. Das entspricht einer Abnahme von anfänglich 160 ppm auf 30 ppm P.

Die Schwefel- und Sauerstoffverteilung nach dem Zonenschmelzen in Sillimanit- und Kalktiegeln mit Schmelzgeschwindigkeiten zwischen 9,6 mm/h und 29,6 mm/h zeigt Abb. 5. Die Schwefelseigerung entspricht über die ganze Schmelzlänge einer normalen Verteilung gemäß Gleichung (1). Die Lage der eingezeichneten Meßpunkte stimmt mit der theoretischen Kurve für $k = 0{,}06$ überein. k wird aus dem Konzentrationssprung am Stabende ermittelt und kann unmittelbar aus den experimentellen Verteilungskurven abgelesen werden. Gleichzeitig ist aus Abb. 5 zu ersehen, daß die Schwefelverteilung unabhängig ist vom Stabdurchmesser, vom Tiegelmaterial und der Schmelzgeschwindigkeit zwischen 9,6 mm/h und 29,6 mm/h. Bei einem Ausgangsgehalt zwischen 80 ppm und 100 ppm wird der Schwefelgehalt am Stabanfang auf etwa 10 ppm erniedrigt und steigt auf 30 bis 40 ppm bei $x/L = 0{,}8$ an.

Der Sauerstoff wird von Ausgangsgehalten zwischen 650 ppm und 900 ppm auf Gehalte von 10 bis 40 ppm über 80% der Schmelzlänge erniedrigt. Aus dem Konzentrationssprung am Stabende läßt sich für den effektiven Verteilungskoeffizienten k des Sauerstoffs bei Erstarrungsgeschwindigkeiten zwischen 9,6 mm/h und 29,6 mm/h ein Wert von 0,1 abschätzen. Die mit $k = 0{,}1$ nach Gleichung (1) errechnete Kurve ist in die Abb. 5 eingezeichnet. Sie verläuft weit oberhalb der experimentell gefundenen Verteilung. Ebenso wie die Schwefelverteilung ist die Sauerstoffverteilung unabhängig vom Stabdurchmesser, vom Tiegelmaterial und von der Erstarrungsgeschwindigkeit zwischen 9,6 mm/h und 29,6 mm/h.

Die Kohlenstoffverteilung wurde mit 68 mm/h in Korund-, Sillimanit- und Kalktiegeln aufgenommen. Bemerkenswert ist, wie Abb. 6 zeigt, die sehr viel bessere Entfernung des Kohlenstoffs beim Schmelzen im Kalktiegel gegenüber dem Schmelzen im Korund- und Sillimanittiegel. Die Stäbe aus dem Korundtiegel hatten an der Stabunterseite, das ist der Teil des Versuchsstabes, der beim Zonenschmelzen mit der Tiegelwand in Berührung war, im Gegensatz zur Staboberseite große Poren (Abb. 7), wie sie auch von W. A. Fischer und R. Uberoi [29] beim Zonenschmelzen von unberuhigten Siemens-Martin- und Thomasstählen in Rohren aus Tonerde beobachtet wurden. Nach dem

* Mit Stabanfang wird im folgenden der Anfang der Schmelzlänge und mit Stabende das Ende der Schmelzlänge bezeichnet.

Planschleifen der Stabober- und Stabunterseite zeigten sich auch im Stabinneren solche Poren (Abb. 8), die durch Gasbildung beim Erstarren entstanden sein dürften. So zeigt Abb. 8a deutlich eine Ausbildung der Gasblasen in Richtung des Primärkornwachstums. Eine solche Gasblasenbildung ist bei den im Sillimanit- und Kalktiegel erschmolzenen Stäben nicht zu beobachten.

Beim Schmelzen mit 11,3 mm/h im Kalktiegel wird der Ausgangskohlenstoffgehalt von im Mittel 165 ppm auf Werte zwischen 11 und 16 ppm erniedrigt. In Abb. 6 zeigt keine der Verteilungskurven des Kohlenstoffs einen normalen Seigerungsverlauf gemäß Gleichung (1) an.

Die Stickstoffverteilung ist bei gleicher Erstarrungsgeschwindigkeit unabhängig vom Tiegelwerkstoff, wie aus Abb. 9 für die mit 68 mm/h geschmolzenen Stäbe hervorgeht. Bei dieser Geschwindigkeit wird der Stickstoffausgangsgehalt von durchschnittlich 52 ppm im Mittel um nur 10 bis 15% erniedrigt. Verminderung der Geschwindigkeit auf 11,3 mm/h führt zu einer Stickstoffabnahme bei den Stäben mit 35 mm Durchmesser von 50 bis 60%. Bei den Stäben mit 56 mm Durchmesser wird eine bessere Entstickung erzielt als bei den 35-mm-Stäben. So zeigt der mit 29,6 mm/h erschmolzene Stab A7 eine Entstickung um etwa 65 bis 70% und der mit 9,6 mm/h erschmolzene Stab A8 eine Entstickung um 75 bis 80% auf rd. 10 ppm.

Auch bei der Manganverteilung werden keine normalen Verteilungskurven entsprechend der Gleichung (1) erhalten (Abb. 10). Die größte Erniedrigung des Mangangehaltes erfolgt im Sillimanittiegel. Bei einer Erstarrungsgeschwindigkeit von 68 mm/h wird hierin der Ausgangsgehalt von 210 ppm auf 65 bis 70 ppm, also um knapp 70% erniedrigt, ein Betrag, der beim Schmelzen im Kalktiegel mit der sehr viel geringeren Geschwindigkeit von 11,3 mm/h noch nicht einmal erreicht wird. Ebenso wie bei der Stickstoffverteilung ist auch, bezogen auf gleiche Erstarrungsgeschwindigkeiten, die Manganverteilung bei den 56-mm-Stäben größer als bei den 35-mm-Stäben. Bei allen Verteilungskurven für Mangan fehlt der Konzentrationssprung am Stabende, worauf später eingegangen wird.

Die Ausbildung des Makrogefüges bei den unterschiedlichen Schmelz- bzw. Erstarrungsgeschwindigkeiten ist für 11,3 mm/h und 68 mm/h aus Abb. 11 an zwei 35-mm-Stäben zu sehen. Abb. 12 zeigt das Makrogefüge eines 56-mm-Stabes, der mit 9,6 mm/h zonengeschmolzen wurde. Dargestellt ist jeweils die plangeschliffene Oberfläche der Stäbe nach einer Ätzung in 10%iger wäßriger Salpetersäure. Bei allen Schmelzgeschwindigkeiten ist eine ausgeprägte Stengelkristallisation zu erkennen, die mit abnehmender Schmelzgeschwindigkeit zunimmt. Bei der geringen Schmelzgeschwindigkeit von 9,6 mm/h ist sie am stärksten ausgeprägt.

Zusammenfassend kann festgestellt werden, daß Armcoeisen durch Zonenschmelzen außerordentlich wirksam gereinigt werden kann. Bereits nach einem Durchgang mit einer Geschwindigkeit von etwa 10 mm/h werden Gehalte am Stabanfang von < 30 ppm C, Si, Mn, S, N und O sowie zwischen 30 und 80 ppm P erreicht. Für die meisten der Begleitelemente einschließlich des Sauerstoffs ergibt sich eine Verteilung, die vom normalen Seigerungsverhalten nach Gleichung (1) stark abweicht. Ein normaler Verteilungsverlauf wurde nur für den Schwefel nach dem Schmelzen in allen drei Tiegelwerkstoffen beobachtet. Das gleiche gilt für die Phosphorverteilung nach dem Schmelzen im Korund- und Sillimanittiegel, wohingegen das Schmelzen im Kalktiegel eine nicht normale Verteilung herbeiführt.

Die sauerstoffaffinen Elemente Phosphor, Mangan und Kohlenstoff verbinden sich mit dem Sauerstoff zu festen, flüssigen oder gasförmigen Oxyden, die je nach der Beschaffenheit des Tiegels durch das Tiegelmaterial abgebunden werden oder aber abdampfen können.

So ist zum Beispiel die gute Entphosphorung im Kalktiegel nur dadurch zu verstehen, daß sich die gebildete Phosphorsäure mit dem Kalk zu Kalziumphosphat verbindet. Im Korund- und Sillimanittiegel ist eine derartige Abbindung der Phosphorsäure nicht möglich, so daß sich beim Zonenschmelzen in diesen Tiegeln die normale Verteilung gemäß Gleichung (1) einstellt.
Das Mangan konnte am wirksamsten im Sillimanittiegel entfernt werden, weil sich Manganoxyd mit dem im Tiegel vorhandenen Siliziumdioxyd zu Mangansilikat verbindet, was im Korund- oder Kalktiegel nicht möglich ist. Trotzdem zeigt die Manganverteilung im Korund- oder Kalktiegel nicht den normalen Seigerungsverlauf, was auf eine zusätzliche Abdampfung des Mangans hinweist.
Die bessere Entkohlung beim Zonenschmelzen im Kalktiegel gegenüber dem Schmelzen im Sillimanit- und Korundtiegel kann auf die größere Rauhigkeit der Oberfläche des Kalktiegels zurückgeführt werden, weil dadurch die Keimbildung gefördert wird [38]. Zusätzlich bewirkt die geringere Dichte des selbstgefertigten Kalktiegels eine bessere Gasdurchlässigkeit, was den Abtransport des gebildeten Gases erleichtert.
Für die Sauerstoffverteilung, die über die einer normalen Verteilung weit hinausgeht, ist der für die Verschlackung und Gasbildung benötigte Sauerstoff verantwortlich zu machen.
Die ebenfalls nicht normale Stickstoffverteilung wird auf eine zusätzliche Abdampfung des Stickstoffs beim Zonenschmelzen zurückgeführt.
Die wirksame Entfernung von Stickstoff und Mangan bei den Stäben mit 56 mm Durchmesser gegenüber den Stäben mit 35 mm Durchmesser ist wahrscheinlich eine Folge der stärkeren Badbewegung in der mit 10 kHz betriebenen großen Zonenschmelzanlage gegenüber der mit 450 kHz betriebenen kleineren Anlage.

b) Dynamostahl und Transformatorstahl

Die hohen Silizium- und verhältnismäßig hohen Aluminiumgehalte in den Dynamostählen 8 und 18 sowie in den Transformatorstählen 31 und 39 bewirken sehr niedrige Sauerstoffgehalte von weniger als 50 ppm im Ausgangswerkstoff.
Eine reinigende Wirkung durch Oxydation der Begleitelemente während des Zonenschmelzens in Reinstargon ist daher ausgeschlossen. Die einzelnen Elemente verhalten sich gemäß ihrem Seigerungsvermögen, sofern keine Abdampfung erfolgt. Bei der Beschreibung der Ergebnisse wird die graphische Darstellung in der bisherigen Form beibehalten, wobei allerdings auch hier nur einige Verteilungsverläufe herausgegriffen werden sollen. Eine Zusammenstellung aller Ergebnisse ist den Tab. 3 bis 6 zu entnehmen.
Bei allen Versuchsstäben stellten sich nach dem Zonenschmelzen über die gesamte Schmelzlänge Sauerstoffgehalte von $\leq$ 10 ppm ein. Da die Ausgangskonzentrationen auch bereits sehr niedrig lagen und eine genaue Bestimmung des Sauerstoffgehaltes unter 10 ppm nicht möglich war, ist eine graphische Darstellung der Sauerstoffverteilung wenig sinnvoll.
Die Erniedrigung der Phosphorkonzentration mit der Zahl der Durchgänge nach dem Zonenschmelzen des Dynamostahls 8 mit der Erstarrungsgeschwindigkeit von 32,7 mm/h geht aus Abb. 13 hervor. Am Stabanfang kann der Phosphorgehalt von durchschnittlich 0,092%, nach dem zweiten auf 0,035% und schließlich nach dem dritten Durchgang auf 0,016% erniedrigt werden. Bereits beim Längenverhältnis von $x/L = 0{,}3$ wird jedoch die Anfangskonzentration von 0,092% annähernd wieder erreicht.
An Hand der Abb. 13 kann ferner die Verteilung des Phosphors für die Stäbe 8.1 und B1 verglichen werden, die jeweils einmal mit der fast gleichen Erstarrungsgeschwindigkeit von 32,7 mm/h bzw. 29,6 mm/h zonengeschmolzen wurden, aber sowohl unter-

schiedliche Stabdurchmesser als auch verschiedene Silizium- und Phosphorgehalte haben. Beim Stab 8.1 mit 35 mm Durchmesser handelt es sich um den Dynamostahl 8 mit 0,83% Silizium und 0,092% Phosphor im Ausgangsmaterial und beim Stab B1 mit 61 mm Durchmesser um den Dynamostahl 18 mit 1,73% Silizium und 0,037% Phosphor. Trotz dieser Unterschiede stimmt die Verteilung des Phosphors in beiden Stäben gut überein.

Bei langsameren Erstarrungsgeschwindigkeiten von 11,3 mm/h ergeben sich für den Phosphor Verteilungskurven, die bis zum Konzentrationssprung am Stabende noch unter dem Konzentrationsverhältnis von $C/C_0 = 1$ verlaufen (Abb. 14). Bemerkenswert ist die weitgehende Übereinstimmung der Verteilungskurven der Dynamostähle 8.8 und 8.4 mit 35 mm Durchmesser sowie des Stabes B4 mit 61 mm Durchmesser bei den unterschiedlichen Erstarrungsgeschwindigkeiten von 11,3 mm/h, 2,25 mm/h und 2,96 mm/h.

Die Verteilung des Phosphors in den Transformatorstählen 31 und 39 erfolgt in der gleichen Weise wie bei den Dynamostählen.

Wirkungsvoller als der Phosphor kann der Kohlenstoff in den Probestäben aus Dynamo- und Transformatorstahl entfernt werden. Nach drei Durchgängen mit der Erstarrungsgeschwindigkeit von 11,3 mm/h liegt der Kohlenstoffgehalt noch bei $x/L = 0{,}7$ mit etwa 70 ppm weit unter dem des Ausgangswerkstoffes von durchschnittlich 230 ppm, wie am Beispiel des Versuchsstabes 18.3 aus dem Dynamostahl 18 in Abb. 15 gezeigt wird. Die unterschiedlichen Erstarrungsgeschwindigkeiten von 11,3 mm/h und 2,25 mm/h führen im Gegensatz zur Phosphorverteilung zu verschiedenen Kohlenstoffverteilungen. Nach dem einmaligen Zonenschmelzen mit der Erstarrungsgeschwindigkeit von 2,25 mm/h (Stab 18.6) ist C/C_0 kleiner als nach dem Schmelzen mit 11,3 mm/h (Stab 18.7).

Zonenschmelzen mit einer Erstarrungsgeschwindigkeit von 32,7 mm/h führt bereits zu einer sehr wirkungsvollen Erniedrigung des Schwefelgehaltes. Abb. 16 veranschaulicht, wie stark der Schwefelgehalt mit der Zahl der Durchgänge bei dieser Geschwindigkeit herabgesetzt werden kann. Am Stabanfang sinkt er nach einem Durchgang von anfänglich 90 ppm auf 24 ppm, nach dem zweiten auf 13 ppm und beträgt nach dem dritten Durchgang nur noch 8 ppm.

Wie sich die niedrigen Schmelzgeschwindigkeiten von 11,3 mm/h und 2,25 mm/h auf die Schwefelentfernung, besonders über eine größere Schmelzlänge, auswirken, ist in Abb. 17 dargestellt. Nach zwei Durchgängen ist beim Versuchsstab 8.3 aus Dynamostahl 8 die Schwefelkonzentration von anfänglich 90 ppm auf unter 8 ppm für die ersten 40% der Schmelzlänge gesunken. Am Beispiel der Stäbe 8.4 und 8.8 wird gezeigt, daß wie beim Phosphor eine Verminderung der Erstarrungsgeschwindigkeit von 11,3 mm/h auf 2,25 mm/h bis auf den Stabanfang zu keiner unterschiedlichen Verteilung führt. Die gleiche Schwefelverteilung wie für diese beiden Stäbe aus Dynamostahl 8 ergibt sich für den 61-mm-Stab B4 aus Dynamostahl 18, der mit 2,96 mm/h zonengeschmolzen wurde.

Beim Transformatorstahl 39 liegt dagegen die Verteilungskurve nach einem Zonendurchgang mit der Erstarrungsgeschwindigkeit von 2,25 mm/h (Stab 39.4) deutlich unter der für 11,3 mm/h (Stab 39.2). Bei Schwefelgehalten von im Mittel 20 ppm im Ausgangswerkstoff konnte durch dreimaliges Zonenschmelzen des Stabes 39.3 mit der Erstarrungsgeschwindigkeit von 11,3 mm/h die Schwefelkonzentration über 50% der Schmelzlänge auf unter 2 ppm gesenkt werden (Abb. 18).

Bei der Darstellung der Stickstoffverteilung nach dem Zonenschmelzen ergibt sich ein völlig anderer Kurvencharakter als der für die Verteilung der bisher beschriebenen nichtmetallischen Elemente Phosphor, Kohlenstoff und Schwefel gezeigte Verlauf. Die

Verteilungskurven des Stickstoffs sind für alle zonengeschmolzenen Stäbe aus Dynamostahl und Transformatorstahl fast symmetrisch zur Stabmitte. Am Beispiel des Dynamostahls 18 wird dieser Verlauf in Abb. 19 für vier Versuchsstäbe gezeigt. Im Bereich von etwa $x/L = 0{,}15$ bis $x/L = 0{,}8$ bleibt die Stickstoffkonzentration konstant, während sie am Stabanfang und am Stabende leicht ansteigt. Durch einmaliges Zonenschmelzen des Stabes 18.2 mit der Erstarrungsgeschwindigkeit von 68 mm/h kann die Stickstoffkonzentration im Bereich zwischen $x/L = 0{,}15$ und $X/L = 0{,}8$ auf 50% des Ausgangsgehaltes von etwa 110 ppm auf 55 ppm gesenkt werden. Am Stabanfang und am Stabende hat die Stickstoffkonzentration um 30 bis 40% abgenommen. Auf durchschnittlich 10 ppm ist die Stickstoffkonzentration der Versuchsstäbe 18.6 und 18.7 im Bereich von $x/L = 0{,}15$ und $x/L = 0{,}80$ nach einmaligem Zonenschmelzen mit Schmelzgeschwindigkeiten von 2,25 mm/h und 11,3 mm/h herabgesetzt worden. Nach dreimaligem Zonenschmelzen mit 11,3 mm/h beträgt die Stickstoffkonzentration über die gesamte Schmelzlänge ebenfalls etwa 10 ppm (Stab 18.3).

Eine nur geringfügige Neuverteilung nach dem Zonenschmelzen ergibt sich in den Dynamo- und Transformatorstählen für die metallischen Begleitstoffe Silizium, Mangan, Kupfer, Nickel, Aluminium und Chrom. Beim Aluminium ist selbst bei einer Erstarrungsgeschwindigkeit von 2,25 mm/h kein Seigerungsverhalten festzustellen, seine Konzentration bleibt über die gesamte Stablänge erhalten. Fast genauso verhält sich das Chrom, bei dem lediglich in der ersten und letzten Schmelzzone eine geringe Abweichung von der Ausgangskonzentration festzustellen ist, die aber in keinem Fall 10% übersteigt.

Das Seigerungsverhalten der vier Elemente Silizium, Mangan, Nickel und Kupfer ist sehr ähnlich. Je nach der Erstarrungsgeschwindigkeit liegen ihre Verteilungskoeffizienten in den vier verwendeten Eisen–Silizium-Legierungen zwischen 0,66 und 1,00. In Abb. 20 ist die Verteilung des Siliziums und des Mangans am Beispiel des Transformatorstahls 39 dargestellt. Für Silizium ergibt sich lediglich am Stabanfang und am Stabende eine Abweichung gegenüber der Ausgangskonzentration. Diese Abweichung ist nach dem dreimaligen Zonenschmelzen des Stabes 39.3 mit einer Erstarrungsgeschwindigkeit von 11,3 mm/h am größten. Zwischen dem Längenverhältnis von $x/L \geqq 0{,}3$ und $x/L \leqq 0{,}75$ bleibt in allen Versuchsstäben die Ausgangskonzentration erhalten.

Die Änderung der Mangankonzentration ist, wie Abb. 20 ebenfalls für den Transformatorstahl 39 zeigt, zwar auch nur gering, allerdings findet bei den niedrigen Erstarrungsgeschwindigkeiten von 11,3 mm/h und 2,25 mm/h eine Abdampfung statt. Dadurch konnte die Mangankonzentration des Stabes 39.3 nach dreimaligem Zonenschmelzen mit 11,3 mm/h zwischen $x/L = 0{,}3$ und $x/L = 0{,}75$ um rd. 10% gesenkt werden.

Die Verteilungskurven für Kupfer und Nickel gleichen auf Grund ihrer etwa gleich großen effektiven Verteilungskoeffizienten denen des Siliziums. Aus den Verteilungskurven für die Dynamostähle 8 und 18 sowie für die Transformatorstähle 31 und 39 kann auf eine Verdampfung von Kupfer oder Nickel nicht geschlossen werden (Abb. 21). Wie beim Silizium bleibt auch bei diesen Elementen die Ausgangskonzentration trotz des mehrfachen Zonenschmelzens mit den sehr geringen Erstarrungsgeschwindigkeiten von 11,3 mm/h und 2,25 mm/h zwischen dem Längenverhältnis von $x/L = 0{,}3$ und $x/L = 0{,}75$ erhalten.

In Tab. 7 sind alle effektiven Verteilungskoeffizienten zusammengestellt, die aus den Zonenschmelzversuchen der Dynamostähle 8 und 18 und der Transformatorstähle 31 und 39 an 35-mm-Stäben ermittelt wurden. Für den Stickstoff sind in dieser Zusammenstellung wegen seiner starken Abdampfung keine Verteilungskoeffizienten angegeben.

Für die graphische Auswertung der in der Tab. 7 zusammengestellten Ergebnisse wurde folgende Gleichung zugrunde gelegt [39]:

$$k = \frac{k_0}{k_0 + (1 - k_0) \cdot e^{-f\delta/D}} \tag{2}$$

Hierin ist

k = effektiver Verteilungskoeffizient;
k_0 = Gleichgewichts-Verteilungskoeffizient;
D = Diffusionskoeffizient des gelösten Stoffes in der Schmelze [cm^2/sec];
δ = Dicke der Diffusionsschicht in der flüssigen Phase [cm];
f = Erstarrungsgeschwindigkeit [cm/sec].

Auslogarithmiert erhält sie die Form

$$\lg\left(\frac{1}{k} - 1\right) = -f^{\delta}/D \cdot \lg e + \lg\left(\frac{1}{k_0} - 1\right) \tag{2a}$$

In den Abb. 22 bis 26 ist lg $(1/k - 1)$ als Ordinate gegen die Erstarrungsgeschwindigkeit f als Abszisse aufgetragen. Es ergeben sich Geraden mit der Steigung $-\delta/D \lg e$, wobei die Festlegung der Ausgleichsgeraden nach der Methode der kleinsten Fehlerquadrate erfolgte. Die Ordinatenabschnitte in $f = 0$ entsprechen dem Ausdruck lg $(1/k_0 - 1)$. Der reziproke Wert von δ/D wird als Stoffübergangskoeffizient $\varkappa$ bezeichnet. Die aus den Abb. 22 bis 26 ermittelten Werte für diesen Stoffübergangskoeffizienten sind in der Tab. 8 für die Elemente Silizium, Mangan, Phosphor, Kohlenstoff und Schwefel zusammengestellt.

Für die Elemente Chrom, Nickel und Kupfer wurde ein Stoffübergangskoeffizient von $1 \cdot 10^{-3}$ cm/sec angenommen und mit den experimentell ermittelten Verteilungskoeffizienten an Hand von Gleichung (2) der Gleichgewichtsverteilungskoeffizient k_0 errechnet.

In die Abb. 22 bis 26 sind ferner die effektiven Verteilungskoeffizienten für die 61-mm-Stäbe aus Dynamostahl 18 mit eingetragen. Sie unterscheiden sich nicht von den Verteilungskoeffizienten, die für die 35-mm-Stäbe bei gleicher Geschwindigkeit an den Dynamostählen 8 und 18 sowie den Transformatorstählen 31 und 39 ermittelt wurden.

Für den Fall, daß sich die gelöste Komponente nicht nur durch Seigerung neu verteilt, sondern daß außerdem Fremdatome aus der flüssigen Schmelzzone herausdampfen können, wird die Gleichung (1) für die Verteilung nach einem Zonendurchgang erweitert zu

$$C/C_0 = \frac{k}{k + \eta}\left\{1 - [1 - (k + \eta)] \exp\left[-(k + \eta) \cdot \frac{x}{l}\right]\right\} \tag{3}$$

die für $\eta = 0$ wieder in Gleichung (1) übergeht [40]. η wird als Abdampfungsfaktor bezeichnet und kann in der folgenden Weise bestimmt werden. Es ist

$$\eta = \frac{4}{d} \cdot \frac{l}{f} \cdot g \tag{4}$$

Darin bedeuten

g = Abdampfungskoeffizient [cm/sec];
l = Länge der Schmelzzone [cm];
d = Durchmesser der Schmelzzone, für die in Gleichung (4) eine zylindrische Form vorausgesetzt ist [cm];
f = Erstarrungsgeschwindigkeit [cm/sec].

Abb. 27 zeigt einige Verteilungskurven, die mit Hilfe von Gleichung (3) für unterschiedliche η-Werte von 0 bis 2,0 und gleichem k-Wert von 0,3 errechnet wurden. Ebenso wie Gleichung (1) beschreibt auch Gleichung (3) nicht die »normale Erstarrung« am Stabende. Für $\eta = 0$ ergibt sich die bekannte Konzentrationsverteilung des Zonenschmelzens ohne zusätzliche Abdampfung des betrachteten Begleitelements. Für einen Abdampfungsfaktor von $\eta = 0{,}7$ wird die Summe für $k + \eta = 1$; die Verteilungskurve für diesen Fall ist eine Gerade. Unterhalb dieser Geraden liegen die Verteilungskurven für $(k + \eta) > 1$, die in ihrem Verlauf an die Stickstoffverteilung, wie sie in Abb. 19 für den Dynamostahl 18 gezeigt wird, erinnern. Es wurde bereits darauf hingewiesen, daß wegen der Abdampfung die Bestimmung des effektiven Verteilungskoeffizienten für Stickstoff aus dem Konzentrationssprung am Stabende zu Fehlern führen kann und daher auf diese Ermittlung verzichtet wurde. Um jedoch eine Vorstellung über die Größenordnung der Abdampfung bei den vorgenommenen Versuchen zu bekommen, werden die Gleichungen (3) und (4) am Beispiel der Verteilungskurve für den Stab 18.2 (Abb. 19), der mit einer Erstarrungsgeschwindigkeit von 68 mm/h einmal zonengeschmolzen wurde, angewendet.

Aus dem geradlinigen Kurventeil ergibt sich für $(k/k + \eta) = 0{,}5$ und aus dem Konzentrationssprung am Stabende für k ein Wert von 0,5. Aus den beiden Werten folgt auch für den Abdampfungsfaktor $\eta = 0{,}5$. Der Abdampfungskoeffizient g resultiert daraus zu $2{,}06 \cdot 10^{-4}$ cm/sec*. Der Wert von $2{,}06 \cdot 10^{-4}$ cm/sec ist etwa fünfmal niedriger als der Stoffübergangskoeffizient für die Elemente Silizium, Mangan, Phosphor, Kohlenstoff und Schwefel, der bei etwa $1 \cdot 10^{-3}$ cm/sec liegt (Tab. 8).

Mit Hilfe des Abdampfungskoeffizienten g läßt sich der Abdampfungsfaktor η für andere Erstarrungsgeschwindigkeiten nach Gleichung (4) errechnen.

Für den Stab 18.7, der mit 11,3 mm/h einmal zonengeschmolzen wurde, ergibt sich zum Beispiel aus Abb. 19 für das Verhältnis $k/k + \eta = 0{,}09$. Mit dem Abdampfungsfaktor $\eta = 3$ für diese Geschwindigkeiten berechnet sich daraus für den Verteilungskoeffizienten ein Wert von 0,3, der mit den effektiven Verteilungskoeffizienten für Stickstoff im Schrifttum [29, 30] gut übereinstimmt.

Trotz der Vernachlässigung einiger Voraussetzungen für die Gültigkeit der Gleichungen (3) und (4), wie z. B. die nicht genau zylindrische Form der Schmelzzone und die Stickstoffabdampfung aus dem erstarrten Stabteil, lassen sich mit diesen Gleichungen, wie am Beispiel zweier Stäbe des Dynamostahls 18 gezeigt wurde, die Verteilungskoeffizienten abschätzen.

Zusammenfassend ist festzustellen, daß das Seigerungsverhalten der metallischen und nichtmetallischen Beimengungen – ebenso wie es W. A. Fischer und R. Uberoi [29] an unlegierten, beruhigten und unberuhigten Siemens-Martin- und Thomasstählen beobachteten – in den Dynamo- und Transformatorstählen durch die erhöhten Siliziumgehalte nicht beeinflußt wird. Lediglich beim Kohlenstoff ist die Seigerung in diesen siliziumhaltigen Stählen verstärkt, was auf eine Verringerung des Verteilungskoeffizienten für Kohlenstoff der reinen Eisen-Kohlenstoff-Legierung durch erhöhte Siliziumgehalte hinweist.

In Abb. 28 ist der effektive Verteilungskoeffizient als Funktion von der Erstarrungsgeschwindigkeit gemäß Gleichung (2) für die Begleitelemente Silizium, Mangan, Phosphor, Kohlenstoff und Schwefel aufgetragen, wobei die zugehörigen k_0- und $\delta/_D$-Werte aus den Ausgleichsgeraden in den Abb. 22 bis 26 stammen. Aus Abb. 28 ist ersichtlich, daß für Silizium und Mangan der effektive Verteilungskoeffizient sich

* Das bedeutet eine sehr geringe Teilchenströmung für den Stickstoff beim Zonenschmelzen mit der verwendeten Anordnung.

mit abnehmender Geschwindigkeit weniger stark ändert als bei den nichtmetallischen Beimengungen Phosphor, Kohlenstoff und Schwefel. Bei diesen letzteren ist die Steilheit der Kurven für kleine Geschwindigkeiten recht unterschiedlich. Sie nimmt von Phosphor über Kohlenstoff nach Schwefel ab. Eine Änderung der Erstarrungsgeschwindigkeit von 11,3 mm/h auf 2,25 mm/h wirkt auf die Seigerung dieser Elemente beim Phosphor am stärksten, weniger stark beim Kohlenstoff und am geringsten beim Schwefel ein. Dieses Verhalten steht in Übereinstimmung mit dem Seigerungsverhalten dieser Elemente in großen Stahlblöcken [29].

In Tab. 9 sind die in der vorliegenden Arbeit ermittelten Gleichgewichts-Verteilungskoeffizienten denen an binären und ternären Eisenlegierungen für die Elemente Kohlenstoff, Silizium, Mangan, Phosphor, Schwefel, Chorm, Nickel und Kupfer des Schrifttums gegenübergestellt. Zunächst ist festzustellen, daß die Schrifttumswerte, vor allem die der metallischen Begleitelemente, untereinander sehr stark streuen. Die niedrigsten k_0-Werte werden hierbei von L. Kuchár und L. Repiská [43] angegeben, die aus theoretischen Berechnungen der Solidus- und Liquidustemperaturen der einzelnen Zweistoffsysteme im Bereich niedriger Konzentrationen ermittelt wurden. Weniger starke Abweichungen untereinander zeigen ihre Werte für Kohlenstoff und Phosphor. Für Chrom wird in dieser Arbeit ein Gleichgewichts-Verteilungskoeffizient von 0,94 gefunden. Der Wert stimmt mit den Schrifttumsangaben, die bis auf eine Ausnahme [43] zwischen 0,90 und 1,0 streuen, gut überein.

A. Hayes und J. Chipman [44] sowie B. F. Oliver und A. J. Shafer [45] geben für Nickel k_0-Werte von 0,8 und 0,74 an. Der für die technischen Eisen–Silizium-Stähle ermittelte Verteilungskoeffizient von 0,75 entspricht diesen Werten. Davon abweichend fanden L. Kuchár und L. Repiská [43] sowie Hansen [46] für k_0 nur 0,55.

Aus den vorliegenden Versuchen wird für Kupfer ein Gleichgewichts-Verteilungskoeffizient von 0,70 bestimmt. B. F. Oliver [47] gibt Werte von 0,6 bis 0,7 an, während drei weitere Schrifttumsangaben [43, 44, 46] zwischen 0,231 und 0,592 diese Werte zum Teil erheblich unterschreiten.

Zur Charakterisierung der Siliziumseigerung werden im Schrifttum k_0-Werte zwischen 0,6 und 0,912 aufgeführt. Der in dieser Arbeit gefundene Wert von 0,77 entspräche in etwa dem Mittelwert der Schrifttumsangaben von 0,79.

Die stärkste Streuung unter den k_0-Werten der hier besprochenen Elemente zeigt sich beim Mangan. Die einzelnen Verfasser geben Werte zwischen 0,123 und 0,84 an. Mit drei Schrifttumsangaben [29, 30, 44], die zwischen 0,80 und 0,84 liegen, ist der für die Dynamo- und Transformatorstähle gefundene Wert von 0,73 in etwa vergleichbar.

Für die Phosphorseigerung werden im Schrifttum acht Gleichgewichts-Verteilungskoeffizienten angegeben, die zwischen 0,11 und 0,28 streuen. Im Mittel ergäbe sich daraus ein Wert von 0,17, der sehr gut mit dem Wert von 0,16 aus den eigenen Untersuchungen übereinstimmt.

Eine ähnlich gute Übereinstimmung zeigt sich beim Schwefel. Mit 0,052 liegt der hier ermittelte Wert zwischen den Schrifttumswerten von 0,032 bis 0,1. Stärker abweichende Werte für den Schwefel ergeben sich bei W. A. Tiller [48] mit 0,002 und Hansen [46] mit 0,114.

Für Kohlenstoff wird in der vorliegenden Arbeit mit 0,11 der niedrigste k_0-Wert gefunden. Im Schrifttum liegen die Angaben zwischen 0,13 und 0,29.

Die eigenen Werte, die für technische Eisen–Silizium-Stähle ermittelt wurden, stimmen also mit den für reine Eisenlegierungen bestimmten Gleichgewichts-Verteilungskoeffizienten des Schrifttums weitgehend überein.

Die Ausbildung des Makrogefüges der Dynamo- und Transformatorstähle nach dem Zonenschmelzen ist bei den Legierungen mit etwa 1,8% und mehr Silizium für alle

Geschwindigkeiten sehr grob, wobei mit abnehmender Erstarrungsgeschwindigkeit die Grobkörnigkeit zunimmt, wie in Abb. 29 an drei Längsschliffen gezeigt wird.

Bei dem Stab, der mit 11,3 mm/h geschmolzen wurde, sind nur zwei lange Kristalle sichtbar. Innerhalb der angereicherten Zone am Stabende sind die Körner in allen Werkstoffen sehr viel feiner.

Das Makrogefüge einiger Stabquerschnitte ist in Abb. 30 dargestellt. Nach dem Schmelzen mit 68 mm/h ergeben sich für Stäbe mit 1,8% Si und mehr durchschnittliche Korngrößen von $\geqq 11{,}4\ mm^2$.

Das Zonenschmelzen mit 11,3 mm/h (Abb. 30b) führt zu fünf Körnern über den Stabquerschnitt. Das entspricht einer mittleren Korngröße von $166\ mm^2$. Das Makrogefüge des Dynamostahls 8 ist dagegen viel feinkörniger, wie der Querschnitt in Abb. 30c zeigt. Es handelt sich dabei um einen Stab, der mit 2,25 mm/h geschmolzen wurde, jedoch entsprechend dem Dynamostahl 8 nur 0,83% Si hatte. Die Korngröße für dieses Material beträgt durchschnittlich nur knapp $3\ mm^2$.

Die Abb. 31 zeigt schließlich den Querschliff eines 61-mm-Stabes aus Dynamostahl 18 mit 1,73% Si, der mit 9,6 mm/h zonengeschmolzen wurde. Neben einigen kleineren Körnern am Stabrand sind zwei sehr große Körner von mehr als $1000\ mm^2$ sichtbar.

Die unterschiedliche Ausbildung des Makrogefüges ist in der Lage der Legierungen in den Zustandsschaubildern Eisen–Silizium und Eisen–Silizium–Aluminium begründet. Silizium schnürt das γ-Feld des Eisens ab. Bei der Temperatur von 1150° C haben das γ-Feld und das Zweiphasengebiet $(\alpha + \gamma)$ ihre größte Ausdehnung erreicht, für die W. A. Fischer und Mitarbeiter [41] entsprechende Siliziumkonzentrationen von 1,63 und 1,94% angeben. Zusätze von Aluminium schnüren ebenfalls das γ-Gebiet ab.

Wie aus dem Dreistoffsystem Eisen–Silizium–Aluminium von F. Wever und A. Heinzel [42] hervorgeht, genügen bei 1,8% Si Aluminiumkonzentrationen von 0,12%, um in der Legierung eine Umwandlung beim Abkühlen zu verhindern. In den vorliegenden Dynamostählen 18 mit etwa 1,8% Si sind zwischen 0,13 und 0,21% Al enthalten. Eine Umwandlung dürfte daher ausgeschlossen sein. Die Beeinflussung durch die Elemente Kobalt, Nickel und Mangan, die das γ-Gebiet erweitern, ist bei den kleinen Konzentrationen, wie sie aus der Tab. 1 hervorgehen, zu vernachlässigen.

Im Gegensatz zu den Eisen–Silizium-Stählen mit Siliziumkonzentrationen über etwa 1,8% durchläuft der Dynamostahl 8 mit durchschnittlich 0,83% Si und nur 0,038% Al beim Abkühlen das γ-Feld. Die Ausbildung von großen Einkristallen wie bei den siliziumreicheren Stählen wird dadurch verhindert. Die Grobkornbildung bei umwandlungsfreien Legierungen nach dem Zonenschmelzen von reinen Eisen–Silizium-Legierungen ist auch von A. Hoffmann [10] beobachtet worden.

Zusammenfassung

In der vorliegenden Arbeit werden Zonenschmelzversuche an technischen weichmagnetischen Stählen für Rundstäbe mit 35 mm bis 61 mm Durchmesser beschrieben. Zum Schmelzen der 35-mm-Stäbe diente ein Röhrengenerator mit einer Leistung von 15 kW. Für die dickeren Stabquerschnitte wurde eine Mittelfrequenzanlage mit 10000 Hz und einer Leistung von 80 kW benutzt. Nach unterschiedlichen Erstarrungsgeschwindigkeiten zwischen 2,25 und 68 mm/h wurden die Verteilungskurven der Begleit- und Legierungselemente für Armcoeisen und für vier Siliziumstähle mit 0,8 bis 4% Si ermittelt. Die zonengeschmolzene Stablänge betrug 40 bis 70 cm. Daraus ergaben sich Schmelzgewichte zwischen 3 und 16 kg.

Beim Armcoeisen wurde neben dem normalen Seigerungsverhalten der einzelnen Begleitstoffe eine zusätzliche reinigende Wirkung durch Oxydation der sauerstoffaffinen Elemente beobachtet, wobei der Tiegelwerkstoff eine entscheidende Rolle spielte. Auf diese Weise konnte bereits nach einmaligem Zonenschmelzen mit Erstarrungsgeschwindigkeiten um 10 mm/h ein sehr reines Eisen erzeugt werden mit Gehalten kleiner 30 ppm für Kohlenstoff, Silizium, Mangan, Schwefel, Stickstoff und Sauerstoff sowie zwischen 30 ppm und 80 ppm für Phosphor. In den technischen Siliziumstählen war auf Grund der desoxydierenden Wirkung des Siliziums und des ebenfalls in geringen Mengen zulegierten Aluminiums nur sehr wenig Sauerstoff vorhanden. Zum Unterschied von Armcoeisen erfolgte die Neuverteilung der Elemente daher weitgehend durch Seigerung mit Ausnahme des Stickstoffs, bei dem in starkem Maße eine zusätzliche Abdampfung beobachtet wurde. Bei Geschwindigkeiten unter 11,3 mm/h lassen sich auch bei diesen Stählen die nichtmetallischen Beimengungen auf Gehalte unter 10 bis 30 ppm für das einzelne Element erniedrigen.

Aus den effektiven Verteilungskoeffizienten wurden Gleichgewichtsverteilungs- und Stoffübergangskoeffizienten für die einzelnen Elemente ermittelt. Die Gleichgewichtsverteilungs-Koeffizienten für Kohlenstoff, Silizium, Mangan, Phosphor, Schwefel, Chrom, Nickel und Kupfer stimmen mit denen im Schrifttum für reine binäre und ternäre Eisenlegierungen angegebenen Werten überein. In den Stäben mit 1,8% Si und mehr wurde durch langsame Erstarrungsgeschwindigkeiten mit weniger als 11,3 mm/h ein Makrogefüge erzielt, dessen Körner sich über die gesamte Schmelzlänge ausdehnten.

Literaturverzeichnis

[1] Besnard, S., und J. Talbot, Acta Met. 7 (1959), S. 517.

[2] Besnard, S., Vortragstexte, Colloque international sur les propriétés des métaux de très haute pureté, Paris, Okt. 1959.

[3] Smith, R. L., und J. L. Rutherford, J. Met. 9 (1957), S. 857.

[4] Rutherford, J. L., et al., Vortragstexte, Colloque international sur les propriétés des métaux de trés haute pureté, Paris, Okt. 1959.

[5] Hillmann, H., und A. Mager, Z. Metallkde. 51 (1960), S. 663.

[6] Hoffmann, A., Techn. Mitt. Krupp, Forsch.-Ber., Band 24 (1966), H. 3.

[7] Mager, A., und H. Hillmann, Z. angew. Phys. 13 (1961), S. 171.

[8] Imgrund, J., Dissertation, TU Berlin 1966.

[9] Dimitrov, O., Mémoires Scientifiques Rev. Métallurg. 65 (15. Juni 1968), S. 93.

[10] Hoffmann, A., Arch. Eisenhüttenwes. 39 (1968), S. 191.

[11] Smith, R. L., und J. L. Rutherford, J. Met. 9 (1957), S. 478.

[12] Talbot, J., Ph. Albert und G. Chaudron, C. R. hebd. Séances Acad. Sci. 244 (1957), S. 1577.

[13] Talbot, J., AIME Symp. on Recovery and Recryst. of Metals, New York (1962), S. 269.

[14] Smith, R. L., und E. J. Koepel, Mémoires Scientifiques Rev. Métallurg. 65 (15. Juni 1968), S. 27.

[15] Ooka, T., H. Minura, S. Yano und S. Soeda, Proc. Japan. Acad. 39 (1963), S. 294.

[16] Oliver, B. F., und E. W. Troy, Mémoires Scientifiques Rev. Métallurg. 65 (15. Juni 1968), S. 39.

[17] Miller, D. S., und S. Arajs, Mémoires Scientifiques Rev. Métallurg. 65 (15. Juni 1968), S. 103.

[18] Dubois, B., und J. Le Héricy, Mémoires Scientifiques Rev. Métallurg. (15. Juni 1968), S. 117.

[19] Bull Simonsen, E., und J. M. Dossin, J.I.S.I. 203 (1965), S. 380.

[20] Tittes, E., Dissertation, TH Braunschweig 1962.

[21] Oliver, B. F., Trans. AIME 227 (1963), S. 960.

[22] Soraruf, K., Stahl und Eisen 84 (1964), S. 1342.

[23] Oliver, B. F., und F. Garofalo, Trans. AIME 233 (1965), S. 1318.

[24] Graf, R., Métaux Corrosion-Ind. 30 (1955), S. 463.

[25] Berghezan, A., und E. Bull Simonsen, Trans. AIME 221 (1961), S. 1029.

[26] Bull Simonsen, E., J.I.S.I. 200 (1962), S. 193.

[27] Bull Simonsen, E., Acta Met. 11 (1963), S. 62.

[28] Rengstorff, G. W., Mémoires Scientifiques Rev. Métallurg. 65 (15. Juni 1968), S. 85.

[29] Fischer, W. A., und R. Uberoi, Arch. Eisenhüttenwes. 33 (1962), S. 661.

[30] Fischer, W. A., H. Spitzer und M. Hishinuma, Arch. Eisenhüttenwes. 31 (1960), S. 365.

[31] Oliver, B. F., Trans. AIME 230 (1964), S. 1352.

[32] Nakamura, Y., E. Tsunetomi und K. Segawa, Tetsu to Hagané 53 (1967), S. 339.

[33] Hoffmann, A., und H. Stäblein, Techn. Mitt. Krupp, Forsch.-Ber. Band 24 (1966), H. 3, S. 113.

[34] Makino, N., und Y. Kimura, J. appl. Phys. 36 (1965), S. 1185.

[35] Monma, K., und T. Sata, Nippon Konzoku Gakkai-si 29 (1965), S. 1.

[36] Handbuch für das Eisenhüttenlaboratorium, 2. Aufl., Verlag Stahleisen, Düsseldorf 1960.

[37] Pfann, W. G., Zone Melting, 2nd ed., John Wiley & Sons, Inc., 1966.

[38] von Bogdandy, L., W. Dick und J. N. Stranski, Arch. Eisenhüttenwes. 29 (1958), S. 329.

[39] Burton, J. A., R. C. Prim und W. P. Slichter, J. Chem. Phys. 21 (1953), S. 1987.

[40] Ziegler, G., Z. Metallkde. 49 (1958), S. 491.

[41] Fischer, W. A., K. Lorenz, H. Fabritius, A. Hoffmann und G. Kalwa, Arch. Eisenhüttenwes. 37 (1966), S. 79.

[42] Wever, F., und A. Heinzel, Mitteilungen aus dem Institut für Eisenforschung 13 (1931), S. 193.
[43] Kuchár, L., und L. Repiská, Freiberger Forschungshefte B126, VEB Leipzig, S. 127.
[44] Hayes, A., und J. Chipman, Trans. Amer. Inst. min.metallurg. Eng., Iron Steel Div., 135 (1939), S. 85.
[45] Oliver, B. F., und A. J. Shafer, Trans. AIME 218 (1960), S. 194.
[46] Hansen, M., Constitution of Binary Alloys. 2nd ed., New York, Toronto, London 1958.
[47] Oliver, B. F., Discussion, Iron and Its Dilute Solid Solutions, S. 54, Interscience Publishers, New York 1963.
[48] Tiller, W. A., J.I.S.I. 192 (1959), S. 338.
[49] Chipman, J., Basic Open Hearth Steelmaking. New York 1951, S. 632.
[50] Buckley, R. A., und W. Hume-Rothery, J.I.S.I. 196 (1960), S. 403.
[51] Wever, F., W. A. Fischer und H. Engelbrecht, Stahl u. Eisen 74 (1954), S. 1521.

Anhang

a) Tabellen

Tab. 1 Durchschnittliche chemische Zusammensetzung der Ausgangswerkstoffe

Werkstoff	Chemische Zusammensetzung in %										
	C	Si	Mn	P	S	Al	O	N	Cr	Ni	Cu
Armcoeisen	0,016	0,001	0,025	0,015[c])	0,009	0,002	0,090[d])	0,005	–	–	–
Dynamo-stahl 8	0,009	0,83	0,21	0,092	0,009	0,038	0,002	0,010	0,035	0,035	0,053
Dynamo-stahl 18[a])	0,023	1,89	0,22	0,024	0,004	0,13	0,003	0,011	0,027	0,032	0,054
Dynamo-stahl 18[b])	0,017	1,73	0,21	0,037	0,004	0,21	0,003	0,013	0,15	–	0,028
Trans-formator-stahl 31	0,019	2,95	0,042	0,022	0,0025	0,20	0,004	0,011	0,022	0,030	0,055
Trans-formator-stahl 39	0,019	3,81	0,050	0,018	0,002	0,20	0,005	0,010	0,027	0,032	0,054

[a]) Stäbe von 35 mm Durchmesser
[b]) Stäbe von 61 mm Durchmesser
[c]) 0,009% P
[d]) 0,065% O
} Für die Stäbe mit einem Durchmesser von 56 mm

Tab. 2 Ergebnisse der Zonenschmelzversuche an Armco-Eisen

Element	Stab-Nr.	Stab-durchmesser in mm	Anzahl der Durchgänge	Erstarrungs-geschwindigkeit in mm/h	Verteilungs-koeff. *k*	Tiegel-material	Gehalt an Begleitstoff in ppm		
							Ausgangs-gehalt	Stab-anfang	Stab-ende
Kohlenstoff	A 1	35	1	68	–	Sillimanit	170	58	262
	A 2	35	1	68	–	Kalk	170	24	46
	A 3	35	1	68	–	Tonerde	163	54	80
	A 5	35	1	11,3	–	Kalk	160	12	16
	A 6	56	1	29,6	–	Sillimanit	160	8	15
	A 7	56	1	29,6	–	Sillimanit	160	12	18
	A 8	56	1	9,6	–	Sillimanit	160	10	15
Silizium	A 1	35	1	68	–	Sillimanit	10	55	60
	A 2	35	1	68	–	Kalk	10	10	10
	A 3	35	1	68	–	Tonerde	10	10	10
	A 5	35	1	11,3	–	Kalk	10	10	10
	A 7	56	1	29,6	–	Sillimanit	12	24	30
	A 8	56	1	9,6	–	Sillimanit	22	47	32
Mangan	A 1	35	1	68	–	Sillimanit	210	70	70
	A 2	35	1	68	–	Kalk	250	170	150
	A 3	35	1	68	–	Tonerde	250	140	190
	A 5	35	1	11,3	–	Kalk	250	140	130
	A 7	56	1	29,6	–	Sillimanit	240	63	57
	A 8	56	1	9,6	–	Sillimanit	220	35	41
Phosphor	A 1	35	1	68	0,46	Sillimanit	145	120	260
	A 2	35	1	68	0,73	Kalk	130	54	74
	A 3	35	1	68	0,77	Tonerde	160	130	220
	A 5	35	1	11,3	0,30	Kalk	160	30	100
	A 6	56	1	29,6	0,27	Sillimanit	110	55	340
	A 7	56	1	29,6	0,21	Sillimanit	89	55	390
	A 8	56	1	9,6	0,19	Sillimanit	84	32	430
Schwefel	A 1	35	1	68	0,27	Sillimanit	96	45	280
	A 2	35	1	68	0,46	Kalk	91	68	206
	A 3	35	1	68	0,48	Tonerde	98	57	210
	A 5	35	1	11,3	0,066	Kalk	101	12	500
	A 6	56	1	29,6	0,056	Sillimanit	80	11	520
	A 7	56	1	29,6	0,055	Sillimanit	96	15	660
	A 8	56	1	9,6	0,051	Sillimanit	84	7	760
Stickstoff	A 1	35	1	68	–	Sillimanit	60	43	87
	A 2	35	1	68	–	Kalk	55	45	85
	A 3	35	1	68	–	Tonerde	57	53	78
	A 5	35	1	11,3	–	Kalk	59	23	87
	A 6	56	1	29,6	–	Sillimanit	42	13	47
	A 7	56	1	29,6	–	Sillimanit	46	14	55
	A 8	56	1	9,6	–	Sillimanit	48	12	33
Sauerstoff	A 1	35	1	68	–	Sillimanit	900	142	912
	A 2	35	1	68	–	Kalk	920	253	594
	A 3	35	1	68	–	Tonerde	940	635	1080
	A 5	35	1	11,3	–	Kalk	900	20	533
	A 6	56	1	29,6	–	Sillimanit	650	13	247
	A 7	56	1	29,6	–	Sillimanit	650	20	280
	A 8	56	1	9,6	–	Sillimanit	650	13	243

Tab. 3 Ergebnisse der Zonenschmelzversuche an Dynamostahl 8

Stabdurchmesser: 35 mm

Tiegelmaterial: Sillimanit

Element	Stab-Nr.	Anzahl der Durchgänge	Erstarrungsgeschwindigkeit in mm/h	Verteilungskoeffizient *k*	Gehalt an Begleitstoff in % Ausgangsgehalt	Stabanfang	Stabende
Kohlenstoff	8	6	68	0,54	0,0083	0,0042	0,0241
	8.1	1	32,7	0,34	0,0084	0,0035	0,0237
	8.2	2	32,7	0,27	0,0100	0,0040	0,0326
	8.5	3	32,7	0,29	0,0087	0,0018	0,0324
	8.4	1	11,3	0,20	0,0089	0,0031	0,0322
	8.3	2	11,3	0,13	0,0086	0,0020	0,0430
	8.8	1	2,25	0,23	0,0083	0,0029	0,0074
Silizium	8	6	68	0,93	0,83	0,75	0,99
	8.1	1	32,7	0,99	0,82	0,78	0,82
	8.2	2	32,7	0,82	0,82	0,73	0,98
	8.5	3	32,7	0,86	0,83	0,70	1,03
	8.4	1	11,3	0,84	0,83	0,73	1,01
	8.3	2	11,3	0,74	0,83	0,65	1,14
	8.8	1	2,25	0,85	0,82	0,68	1,03
Mangan	8.2	2	32,7	0,91	0,20	0,19	0,22
	8.5	3	32,7	0,87	0,21	0,17	0,23
	8.3	2	11,3	0,77	0,19	0,15	0,26
	8.8	1	2,25	0,78	0,21	0,17	0,23
Phosphor	8	6	68	0,65	0,091	0,041	0,231
	8.1	1	32,7	0,48	0,095	0,050	0,197
	8.2	2	32,7	0,43	0,097	0,035	0,265
	8.5	3	32,7	0,46	0,091	0,016	0,287
	8.4	1	11,3	0,26	0,091	0,037	0,348
	8.3	2	11,3	0,23	0,091	0,014	0,510
	8.8	1	2,25	0,29	0,091	0,024	0,280
Schwefel	8	6	68	0,50	0,0099	0,0018	0,038
	8.1	1	32,7	0,28	0,0097	0,0024	0,033
	8.2	2	32,7	0,24	0,0100	0,0013	0,043
	8.5	3	32,7	0,25	0,0086	0,0008	0,051
	8.4	1	11,3	0,07	0,0090	0,0017	0,070
	8.3	2	11,3	0,05	0,0083	0,0006	0,091
	8.8	1	2,25	0,05	0,0097	0,0007	0,071
Stickstoff	8	6	68	–	0,0090	0,0009	0,0028
	8.1	1	32,7	–	0,0102	0,0045	0,0061
	8.2	2	32,7	–	0,0096	0,0035	0,0042
	8.5	3	32,7	–	0,0103	0,0016	0,0045
	8.4	1	11,3	–	0,0097	0,0036	0,0047
	8.3	2	11,3	–	0,0098	0,0020	0,0030
	8.8	1	2,25	–	0,0091	0,0010	0,0010

Tab. 3 (Fortsetzung)

Element	Stab-Nr.	Anzahl der Durchgänge	Erstarrungs-geschwindigkeit in mm/h	Verteilungs-koeffizient *k*	Gehalt an Begleitstoff in %		
					Ausgangs-gehalt	Stab-anfang	Stab-ende
Sauerstoff	8	6	68	–	0,0014	0,0018	0,0017
	8.1	1	32,7	–	0,0017	0,0010	0,0010
	8.2	2	32,7	–	0,0010	0,0010	0,0019
	8.5	3	32,7	–	0,0013	0,0010	0,0010
	8.4	1	11,3	–	0,0014	0,0010	0,0010
	8.3	2	11,3	–	0,0012	0,0010	0,0032
	8.8	1	2,25	–	0,0010	0,0010	0,0010
Kupfer	8	6	68	0,90	0,055	0,050	0,067
	8.2	2	32,7	0,86	0,055	0,049	0,067
	8.5	3	32,7	0,94	0,056	0,052	0,062
	8.3	2	11,3	0,66	0,050	0,037	0,086
	8.8	1	2,25	0,82	0,050	0,044	0,065
Aluminium	8.1	1	32,7	–	0,040	0,032	0,030
	8.2	2	32,7	–	0,039	0,030	0,029
	8.5	3	32,7	–	0,040	0,031	0,023
	8.4	1	11,3	–	0,040	0,034	0,030
	8.3	2	11,3	–	0,038	0,032	0,024
	8.8	1	2,25	–	0,038	0,030	0,024
Chrom	8.2	2	32,7	0,96	0,037	0,036	0,038
	8.5	3	32,7	1,00	0,037	0,033	0,037

Tab. 4 Ergebnisse der Zonenschmelzversuche an Dynamostahl 18

Tiegelmaterial: Sillimanit

Element	Stab-Nr.	Stabdurchmesser in mm	Anzahl der Durchgänge	Erstarrungsgeschwindigkeit in mm/h	Verteilungskoeffizient *k*	Gehalt an Begleitstoff in %		
						Ausgangsgehalt	Stabanfang	Stabende
Kohlenstoff	18.2	35	1	68	0,63	0,024	0,0196	0,040
	18.5	35	1	68	0,49	0,027	0,0183	0,051
	18.1	35	1	11,3	0,15	0,024	0,0150	0,120
	18.7	35	1	11,3	0,17	0,023	0,0068	0,136
	18.3	35	3	11,3	0,16	0,022	0,0022	0,168
	18.6	35	1	2,25	0,11	0,022	0,0073	0,142
	B1	61	1	29,6	0,34	0,017	0,0064	0,058
	B2	61	1	9,6	0,16	0,017	0,0064	0,074
	B3	61	2	9,6	0,16	0,017	0,0020	0,061
	B4	61	1	2,96	0,13	0,017	0,0068	0,073
Silizium	18.2	35	1	68	0,94	1,89	1,87	2,02
	18.5	35	1	68	0,96	1,94	1,88	2,07
	18.1	35	1	11,3	0,80	1,88	1,64	2,34
	18.7	35	1	11,3	0,84	1,92	1,73	2,38
	18.3	35	3	11,3	0,74	1,88	1,31	2,65
	18.6	35	1	2,25	0,80	1,93	1,67	2,40
	B1	61	1	29,6	0,89	1,72	1,51	1,81
	B2	61	1	9,6	0,81	1,74	1,43	2,17
	B3	61	2	9,6	0,77	1,72	1,34	2,47
	B4	61	1	2,96	0,79	1,73	1,42	2,24
Mangan	18.2	35	1	68	0,95	0,22	0,21	0,22
	18.5	35	1	68	0,96	0,22	0,21	0,23
	18.1	35	1	11,3	0,81	0,22	0,19	0,26
	18.7	35	1	11,3	0,85	0,22	0,19	0,26
	18.3	35	3	11,3	0,73	0,22	0,14	0,26
	18.6	35	1	2,25	0,75	0,22	0,19	0,24
	B2	61	1	9,6	0,84	0,21	0,17	0,25
	B3	61	2	9,6	0,72	0,21	0,18	0,29
	B4	61	1	2,96	0,76	0,21	0,17	0,25
Phosphor	18.2	35	1	68	0,90	0,025	0,0220	0,029
	18.5	35	1	68	0,78	0,027	0,0230	0,036
	18.1	35	1	11,3	0,22	0,027	0,0120	0,095
	18.7	35	1	11,3	0,26	0,026	0,0140	0,114
	18.3	35	3	11,3	0,12	0,022	0,0026	0,134
	18.6	35	1	2,25	0,17	0,023	0,0065	0,112
	B1	61	1	29,6	0,51	0,037	0,0150	0,075
	B2	61	1	9,6	0,24	0,037	0,0090	0,150
	B3	61	2	9,6	0,15	0,035	0,0070	0,162
	B4	61	1	2,96	0,17	0,037	0,0100	0,170
Schwefel	18.2	35	1	68	0,47	0,0036	0,0022	0,0062
	18.5	35	1	68	0,44	0,0057	0,0032	0,0113
	18.1	35	1	11,3	0,08	0,0047	0,0028	0,0290
	18.7	35	1	11,3	0,09	0,0045	0,0012	0,0410

Tab. 4 (Fortsetzung)

Element	Stab-Nr.	Stabdurchmesser in mm	Anzahl der Durchgänge	Erstarrungsgeschwindigkeit in mm/h	Verteilungskoeffizient *k*	Gehalt an Begleitstoff in %		
						Ausgangsgehalt	Stabanfang	Stabende
Schwefel	18.3	35	3	11,3	0,02	0,0040	0,0001	0,0380
	18.6	35	1	2,25	0,05	0,0048	0,0011	0,0350
	B 1	61	1	29,6	0,30	0,0039	0,0010	0,0140
	B 2	61	1	9,6	0,08	0,0043	0,0004	0,0240
	B 3	61	2	9,6	0,05	0,0036	0,0003	0,0230
	B 4	61	1	2,96	0,05	0,0037	0,0005	0,0250
Stickstoff	18.2	35	1	68	–	0,0120	0,0081	0,0106
	18.5	35	1	11,3	–	0,0107	0,0050	0,0075
	18.1	35	1	11,3	–	0,0107	0,0041	0,0042
	18.7	35	1	11,3	–	0,0120	0,0017	0,0054
	18.3	35	3	11,3	–	0,0111	0,0010	0,0010
	18.6	35	1	2,25	–	0,0116	0,0020	0,0018
	B 1	61	1	29,6	–	0,0120	0,0031	0,0063
	B 2	61	1	9,6	–	0,0127	0,0031	0,0011
	B 3	61	2	9,6	–	0,0133	0,0010	0,0042
	B 4	61	1	2,96	–	0,0138	0,0010	0,0017
Sauerstoff	18.2	35	1	68	–	0,0010	0,0010	0,001
	18.5	35	1	68	–	0,0010	0,0010	0,001
	18.1	35	1	11,3	–	0,0022	0,0019	0,001
	18.3	35	3	11,3	–	0,0010	0,0018	0,001
	18.6	35	1	2,25	–	0,0017	0,0010	0,001
	B 1	61	1	29,6	–	0,0024	0,0010	0,001
	B 2	61	1	9,6	–	0,0015	0,0010	0,001
	B 3	61	2	9,6	–	0,0020	0,0010	0,001
	B 4	61	1	2,96	–	0,0020	0,0017	0,001
Aluminium	18.2	35	1	68	–	0,14	0,14	0,14
	18.5	35	1	68	–	0,14	0,14	0,14
	18.1	35	1	11,3	–	0,12	0,12	0,11
	18.3	35	3	11,3	–	0,13	0,14	0,11
	18.6	35	1	2,25	–	0,18	0,20	0,17
	B 2	61	1	9,6	–	0,20	0,20	0,16
	B 3	61	2	9,6	–	0,21	0,19	0,11
	B 4	61	1	2,96	–	0,23	0,22	0,20
Chrom	18.2	35	1	68	1,00	0,031	0,025	0,029
	18.1	35	1	11,3	1,00	0,028	0,026	0,027
	18.3	35	3	11,3	0,97	0,027	0,026	0,028
	18.6	35	1	2,25	0,93	0,029	0,027	0,029
Kupfer	18.5	35	1	68	1,00	0,064	0,064	0,064
	18.1	35	1	11,3	0,77	0,062	0,054	0,075
	18.3	35	3	11,3	0,68	0,054	0,033	0,077
	18.6	35	1	2,25	0,78	0,054	0,043	0,067
	B 2	61	1	9,6	0,76	0,028	0,024	0,038
	B 3	61	2	9,6	0,68	0,028	0,019	0,044
	B 4	61	1	2,96	0,78	0,028	0,023	0,037
Nickel	18.3	35	3	11,3	0,69	0,033	0,024	0,051
	18.6	35	1	2,25	0,78	0,032	0,027	0,041

Tab. 5 Ergebnisse der Zonenschmelzversuche an Transformatorstahl 31

Stabdurchmesser: 35 mm

Tiegelmaterial: Sillimanit

Element	Stab-Nr.	Anzahl der Durchgänge	Erstarrungsgeschwindigkeit in mm/h	Verteilungskoeffizient *k*	Gehalt an Begleitstoff in % Ausgangsgehalt	Stabanfang	Stabende
Kohlenstoff	31.1	1	68	0,60	0,0200	0,0170	0,0325
	31.2	1	11,3	0,16	0,0190	0,0073	0,1030
	31.3	1	11,3	0,18	0,0190	0,0068	0,0800
	31.6	3	11,3	0,13	0,0176	0,0022	0,1380
Silizium	31.1	1	68	0,94	3,01	2,89	3,23
	31.2	1	11,3	0,82	2,95	2,54	3,59
	31.3	1	11,3	0,79	2,97	2,60	3,61
	31.6	3	11,3	0,80	2,94	2,06	4,39
Mangan	31.2	1	11,3	0,83	0,041	0,034	0,047
	31.3	1	11,3	0,79	0,040	0,039	0,048
	31.6	3	11,3	0,77	0,044	0,029	0,057
Phosphor	31.1	1	68	0,83	0,022	0,0200	0,024
	31.2	1	11,3	0,22	0,022	0,0100	0,087
	31.3	1	11,3	0,30	0,021	0,0090	0,076
	31.6	3	11,3	0,25	0,018	0,0022	0,091
Schwefel	31.1	1	68	0,580	0,0032	0,00220	0,0052
	31.2	1	11,3	0,098	0,0024	0,00046	0,0173
	31.3	1	11,3	0,075	0,0027	0,00050	0,0160
	31.6	3	11,3	0,080	0,0025	0,00050	0,0230
Stickstoff	31.1	1	68	–	0,0116	0,0051	0,0055
	31.2	1	11,3	–	0,0099	0,0017	0,0031
	31.3	1	11,3	–	0,0111	0,0028	0,0031
	31.6	3	11,3	–	0,0120	0,0006	0,0009
Sauerstoff	31.1	1	68	–	0,0042	0,0021	0,0012
	31.2	1	11,3	–	0,0033	0,0010	0,0010
	31.3	1	11,3	–	0,0027	0,0011	0,0010
	31.6	3	11,3	–	0,0027	0,0026	0,0020
Aluminium	31.1	1	68	–	0,20	0,20	0,21
	31.2	1	11,3	–	0,21	0,21	0,18
	31.3	1	11,3	–	0,21	0,20	0,19
	31.6	3	11,3	–	0,19	0,22	0,17
Nickel	31.3	1	11,3	0,76	0,030	0,027	0,037
	31.6	3	11,3	0,79	0,030	0,020	0,043
Chrom	31.2	1	11,3	0,95	0,021	0,022	0,021
	31.3	1	11,3	1,00	0,023	0,023	0,023
Kupfer	31.2	1	11,3	0,78	0,062	0,048	0,074
	31.3	1	11,3	0,76	0,054	0,051	0,061
	31.6	3	11,3	0,74	0,055	0,040	0,088

Tab. 6 Ergebnisse der Zonenschmelzversuche an Trafostahl 39

Stabdurchmesser: 35 mm

Tiegelmaterial: Sillimanit

Element	Stab-Nr.	Anzahl der Durchgänge	Erstarrungsgeschwindigkeit in mm/h	Verteilungskoeffizient *k*	Gehalt an Begleitstoff in % Ausgangsgehalt	Stabanfang	Stabende
Kohlenstoff	39.1	1	68	0,72	0,024	0,0210	0,032
	39.2	1	11,3	0,17	0,019	0,0068	0,097
	39.5	1	11,3	0,17	0,019	0,0058	0,086
	39.3	3	11,3	0,11	0,022	0,0019	0,140
	39.4	1	2,25	0,11	0,019	0,0050	0,116
Silizium	39.1	1	68	0,96	3,83	3,68	4,00
	39.2	1	11,3	0,83	3,84	3,42	4,66
	39.5	1	11,3	0,82	3,75	3,29	4,55
	39,3	3	11,3	0,80	3,86	2,80	5,48
	39.4	1	2,25	0,78	3,76	2,73	4,83
Mangan	39.1	1	68	1,00	0,052	0,049	0,051
	39.2	1	11,3	0,82	0,055	0,046	0,061
	39.3	3	11,3	0,77	0,050	0,038	0,065
	39.4	1	2,25	0,79	0,051	0,042	0,058
Phosphor	39.1	1	68	0,89	0,021	0,0160	0,028
	39.2	1	11,3	0,30	0,017	0,0080	0,053
	39.5	1	11,3	0,21	0,018	0,0068	0,053
	39.3	3	11,3	0,19	0,018	0,0025	0,099
	39.4	1	2,25	0,21	0,018	0,0072	0,070
Schwefel	39.1	1	68	0,89	0,0022	0,0016	0,0027
	39.2	1	11,3	0,17	0,0020	0,0008	0,0100
	39.5	1	11,3	0,13	0,0019	0,0005	0,0108
	39.3	3	11,3	0,08	0,0018	0,0001	0,0126
	39.4	1	2,25	0,08	0,0019	0,0004	0,0089
Stickstoff	39.1	1	68	–	0,0098	0,0064	0,0063
	39.2	1	11,3	–	0,0092	0,0029	0,0024
	39.5	1	11,3	–	0,0010	0,0012	0,0021
	39.3	3	11,3	–	0,0099	0,0011	0,0021
	39.4	1	2,25	–	0,0100	0,0008	0,0010
Sauerstoff	39.1	1	68	–	0,0027	0,0010	0,001
	39.2	1	11,3	–	0,0010	0,0015	0,001
	39.5	1	11,3	–	0,0025	0,0010	0,001
	39.3	3	11,3	–	0,0015	0,0025	0,001
	39.4	1	2,25	–	0,0047	0,0024	0,001
Aluminium	39.1	1	68	–	0,21	0,21	0,22
	39.2	1	11,3	–	0,21	0,18	0,18
	39.3	3	11,3	–	0,20	0,21	0,17
Nickel	39.2	1	11,3	0,84	0,031	0,029	0,038
	39.4	1	2,25	0,77	0,033	0,026	0,043
Kupfer	39.3	3	11,3	0,75	0,054	0,039	0,081

Tab. 7 Die effektiven Verteilungskoeffizienten der 35-mm-Stäbe aus den Dynamostählen 8 und 18 und den Transformatorstählen 31 und 39

Stab-Nr.	Erstarrungsgeschw. in mm/h	Zahl der Durchgänge	Effektive Verteilungskoeffizienten							
			k_{Si}	k_{Mn}	k_P	k_C	k_S	k_{Cr}	k_{Cu}	k_{Ni}
8	68	6	0,93	–	0,65	0,54	0,50	–	0,90	–
8.1	32,7	1	0,99	–	0,48	0,34	0,28	–	–	–
8.2	32,7	2	0,82	0,91	0,43	0,27	0,24	0,96	0,86	–
8.5	32,7	3	0,86	0,87	0,46	0,29	0,25	1,00	0,94	–
8.4	11,3	1	0,84	–	0,26	0,20	0,07	–	–	–
8.3	11,3	2	0,74	0,77	0,23	0,13	0,05	–	0,66	–
8.8	2,25	1	0,85	0,78	0,29	0,23	0,05	–	0,82	–
18.2	68	1	0,94	0,95	0,90	0,63	0,47	1,00	–	–
18.5	68	1	0,96	0,96	0,78	0,49	0,44	–	1,00	–
18.1	11,3	1	0,80	0,81	0,22	0,15	0,08	1,00	0,77	–
18.7	11,3	1	0,84	0,85	0,26	0,17	0,09	–	–	–
18.3	11,3	3	0,74	0,73	0,12	0,16	0,02	0,97	0,68	0,69
18.6	2,25	1	0,80	0,75	0,17	0,11	0,05	0,93	0,78	0,78
31.1	68	1	0,94	–	0,83	0,60	0,58	–	–	–
31.2	11,3	1	0,82	0,83	0,22	0,16	0,10	0,95	0,78	–
31.3	11,3	1	0,79	0,79	0,30	0,18	0,08	1,00	0,76	0,76
31.6	11,3	3	0,80	0,77	0,25	0,13	0,08	–	0,74	0,79
39.1	68	1	0,96	1,00	0,89	0,72	0,89	–	–	–
39.2	11,3	1	0,83	0,82	0,30	0,17	0,17	–	–	0,84
39.5	11,3	1	0,82	–	0,21	0,17	0,13	–	–	–
39.3	11,3	3	0,80	0,77	0,19	0,11	0,08	–	0,75	–
39.4	2,25	1	0,78	0,79	0,21	0,11	0,08	–	–	0,77

Tab. 8 Stoffübergangskoeffizienten und Gleichgewichts-Verteilungskoeffizienten für die Begleitelemente in den Dynamostählen 8 und 18 sowie in den Transformatorstählen 31 und 39

Element	Stoffübergangskoeffizient $\varkappa = D/\delta$ [cm/sec]	Gleichgewichts-Verteilungskoeffizient k_0
Kohlenstoff	$0,76 \times 10^{-3}$	$0,11 \pm 0,025$
Silizium	$1,17 \times 10^{-3}$	$0,77 \pm 0,04$
Mangan	$0,91 \times 10^{-3}$	$0,73 \pm 0,04$
Phosphor	$0,59 \times 10^{-3}$	$0,16 \pm 0,04$
Schwefel	$0,70 \times 10^{-3}$	$0,052 \pm 0,01$
Chrom	—	0,94
Nickel	—	0,75
Kupfer	—	0,70

Tab. 9 Zusammenstellung der Schrifttumsangaben über die Gleichgewichts-Verteilungskoeffizienten der Elemente Kohlenstoff, Silizium, Mangan, Phosphor, Schwefel, Chrom, Nickel und Kupfer im Eisen als Grundmetall

Element	Verteilungs-koeffizient k_0	Schrifttum
Kohlenstoff	0,202	L. KUCHÁR und L. REPISKÁ [43]
	0,141	Zweistoffsystem Fe—C nach HANSEN [46]
	0,13	A. HAYES und J. CHIPMAN [44]
	0,13	B. F. OLIVER und A. J. SHAFER [45]
	0,25	W. A. TILLER [48]
	0,29	W. A. FISCHER, H. SPITZER und M. HISHINUMA [30]
	0,29	W. A. FISCHER und R. UBEROI [29]
	0,202	R. A. BUCKLEY und W. HUME-ROTHERY [50]
	0,2	J. CHIPMAN [49]
	0,11	vorliegende Arbeit
Silizium	0,80	A. HOFFMANN [10]
	0,892	L. KUCHÁR und L. REPISKÁ [43]
	0,912	Zweistoffsystem Fe—Si nach HANSEN [46]
	0,66	A. HAYES und J. CHIPMAN [44]
	0,7	W. A. TILLER [48]
	0,85	W. A. FISCHER, H. SPITZER und M. HISHINUMA [30]
	0,85	W. A. FISCHER und R. UBEROI [29]
	0,6 bis 0,7	B. F. OLIVER [47]
	0,77	vorliegende Arbeit
Mangan	0,476	L. KUCHÁR und L. REPISKÁ [43]
	0,123	Zweistoffsystem Fe—Mn nach HANSEN [46]
	0,84	A. HAYES und J. CHIPMAN [44]
	0,15	W. A. TILLER [48]
	0,80	W. A. FISCHER, H. SPITZER und M. HISHINUMA [30]
	0,80	W. A. FISCHER und R. UBEROI [29]
	0,73	vorliegende Arbeit
Phosphor	0,11	L. KUCHÁR und L. REPISKÁ [43]
	0,28	Zweistoffsystem Fe—P nach HANSEN [46]
	0,13	A. HAYES und J. CHIPMAN [44]
	0,13	B. F. OLIVER und A. J. SHAFER [45]
	0,2	W. A. TILLER [48]
	0,18	W. A. FISCHER, H. SPITZER und M. HISHINUMA [30]
	0,13	J. CHIPMAN [49]
	0,2 bis 0,5	R. L. SMITH und J. L. RUTHERFORD [11]
	0,16	vorliegende Arbeit
Schwefel	0,114	Zweistoffsystem Fe—S nach HANSEN [46]
	0,05	A. HAYES und J. CHIPMAN [44]
	0,1	B. F. OLIVER und A. J. SHAFER [45]
	0,002	W. A. TILLER [48]
	0,05	W. A. FISCHER, H. SPITZER und M. HISHINUMA [30]
	0,032	W. A. FISCHER und R. UBEROI [29]
	0,032	F. WEVER, W. A. FISCHER und H. ENGELBRECHT [51]
	0,052	vorliegende Arbeit

Tab. 9 (Fortsetzung)

Element	Verteilungskoeffizient k_0	Schrifttum
Chrom	0,303	L. KUCHÁR und L. REPISKÁ [43]
	1,0	Zweistoffsystem Fe—Cr nach HANSEN [46]
	0,95	A. HAYES und J. CHIPMAN [44]
	0,97	W. A. FISCHER, H. SPITZER und M. HISHINUMA [30]
	0,97	W. A. FISCHER und R. UBEROI [29]
	0,9 bis 1,0	B. F. OLIVER [47]
	0,94	vorliegende Arbeit
Nickel	0,55	L. KUCHÁR und L. REPISKÁ [43]
	0,549	Zweistoffsystem Fe—Ni nach HANSEN [46]
	0,8	A. HAYES und J. CHIPMAN [44]
	0,74	B. F. OLIVER und A. J. SHAFER [45]
	0,75	vorliegende Arbeit
Kupfer	0,231	L. KUCHÁR und L. REPISKÁ [43]
	0,592	Zweistoffsystem Fe—Cu nach HANSEN [46]
	0,56	A. HAYES und J. CHIPMAN [44]
	0,6 bis 0,7	B. F. OLIVER [47]
	0,70	vorliegende Arbeit

b) Abbildungen

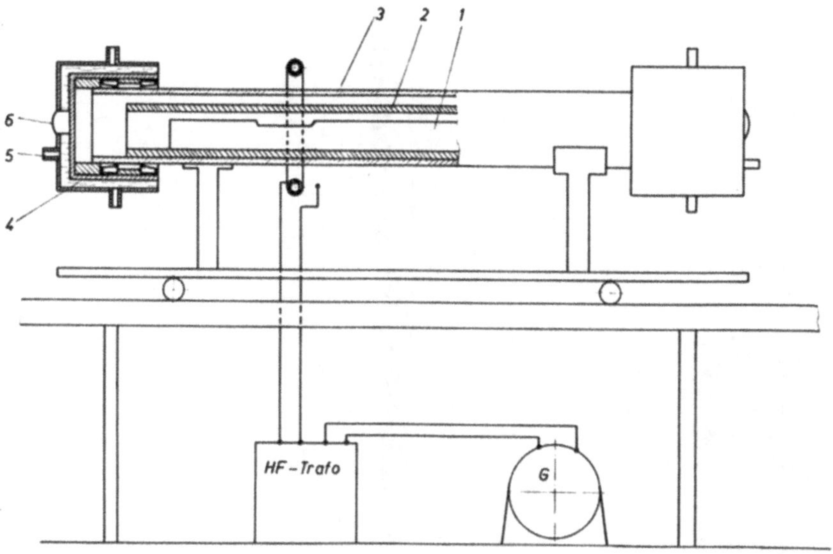

Abb. 1 Schematische Anordnung der Zonenschmelzeinrichtung
1 Probestab, 2 Tiegel, 3 Außenrohr, 4 Kühlkopf, 5 Stutzen für Schutzglas, 6 Schauglas

Abb. 2 Zonenschmelzanlage für Rundknüppel von 60 mm

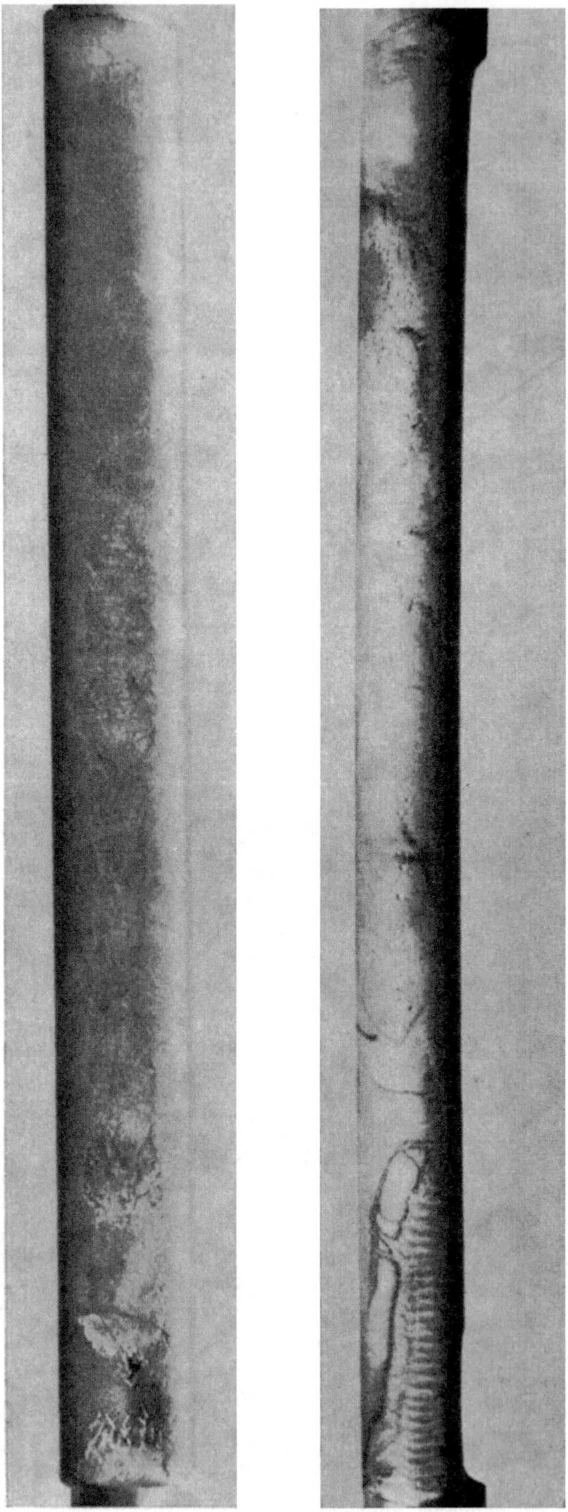

Abb. 3
Formänderung eines Rundstabes nach dem Zonenschmelzen im rohrförmigen Tiegel (Vergrößerung 1:2)

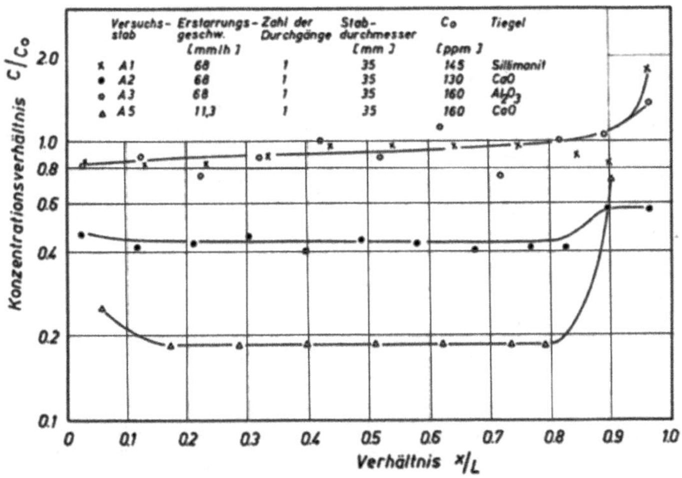

Abb. 4 Phosphorverteilung nach dem Zonenschmelzen von Stäben aus Armcoeisen

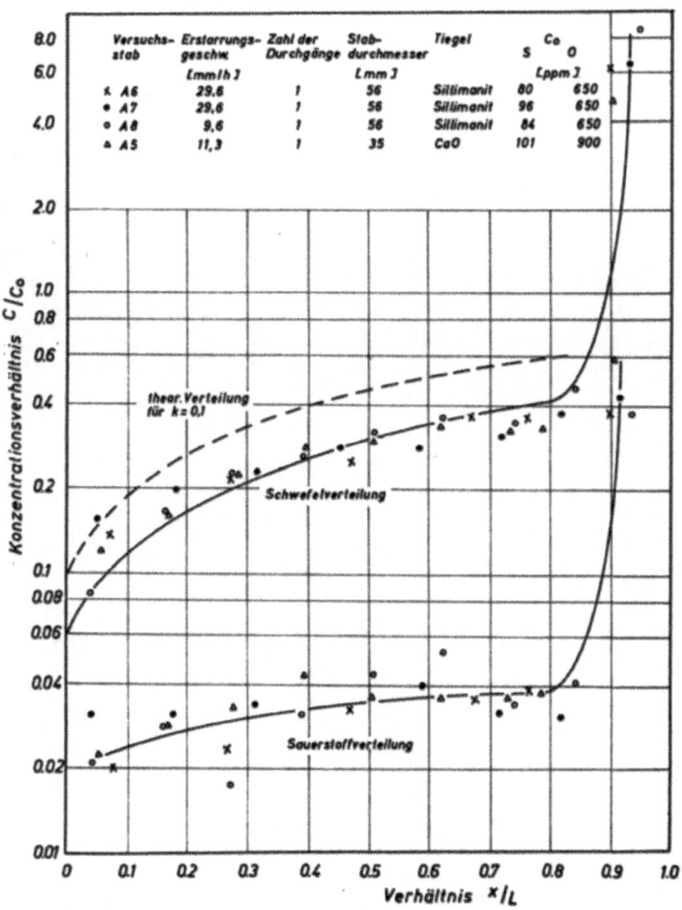

Abb. 5 Schwefel- und Sauerstoffverteilung nach dem Zonenschmelzen von Stäben aus Armcoeisen

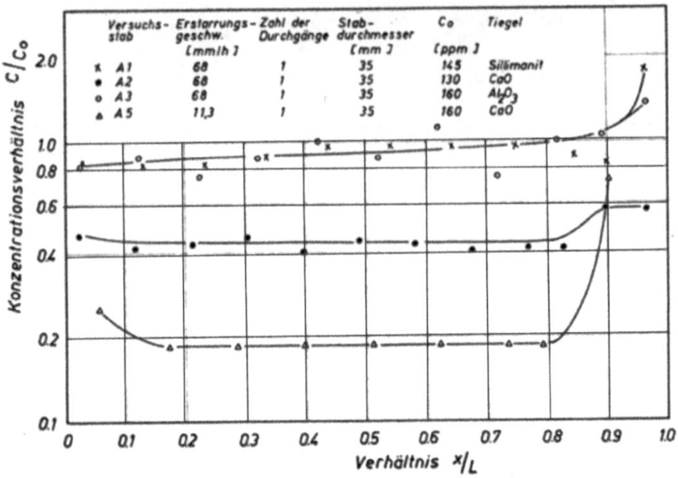

Abb. 6 Kohlenstoffverteilung nach dem Zonenschmelzen von Stäben aus Armcoeisen

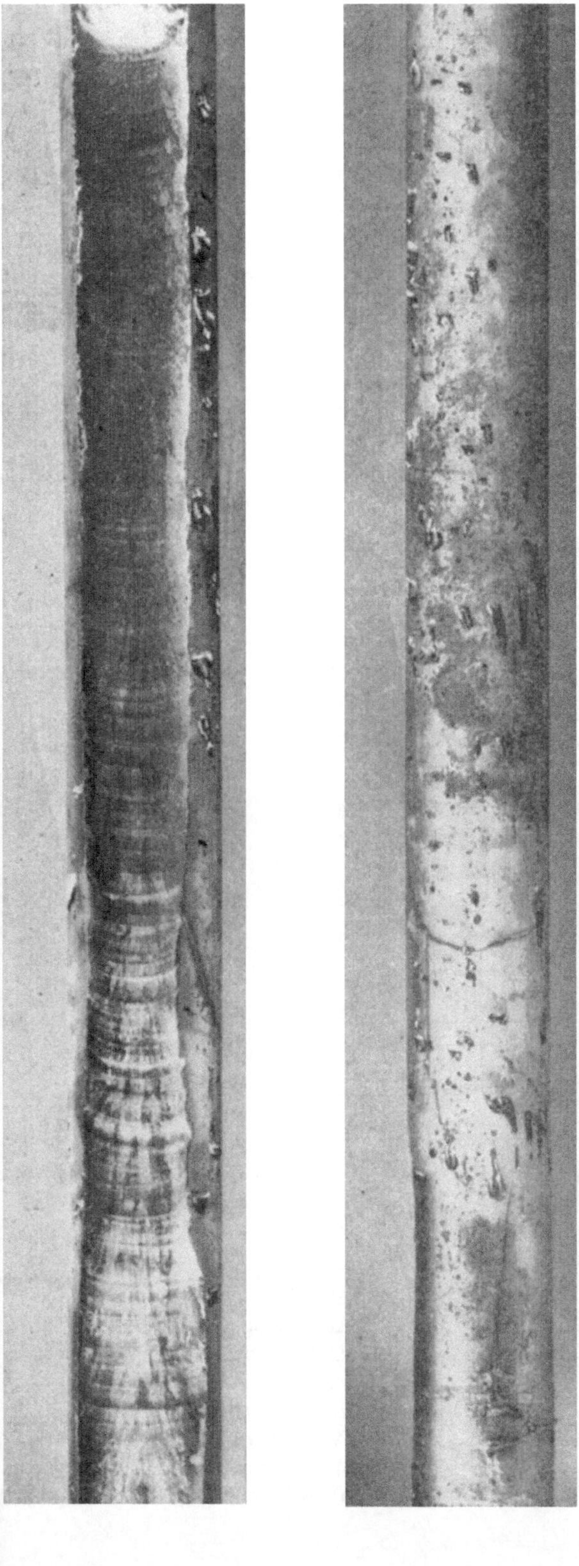

Abb. 7
Gasblasenbildung beim Zonenschmelzen von Armcoeisen im Tonerdetiegel (Vergrößerung 1:2)
a) Staboberseite
b) Stabunterseite

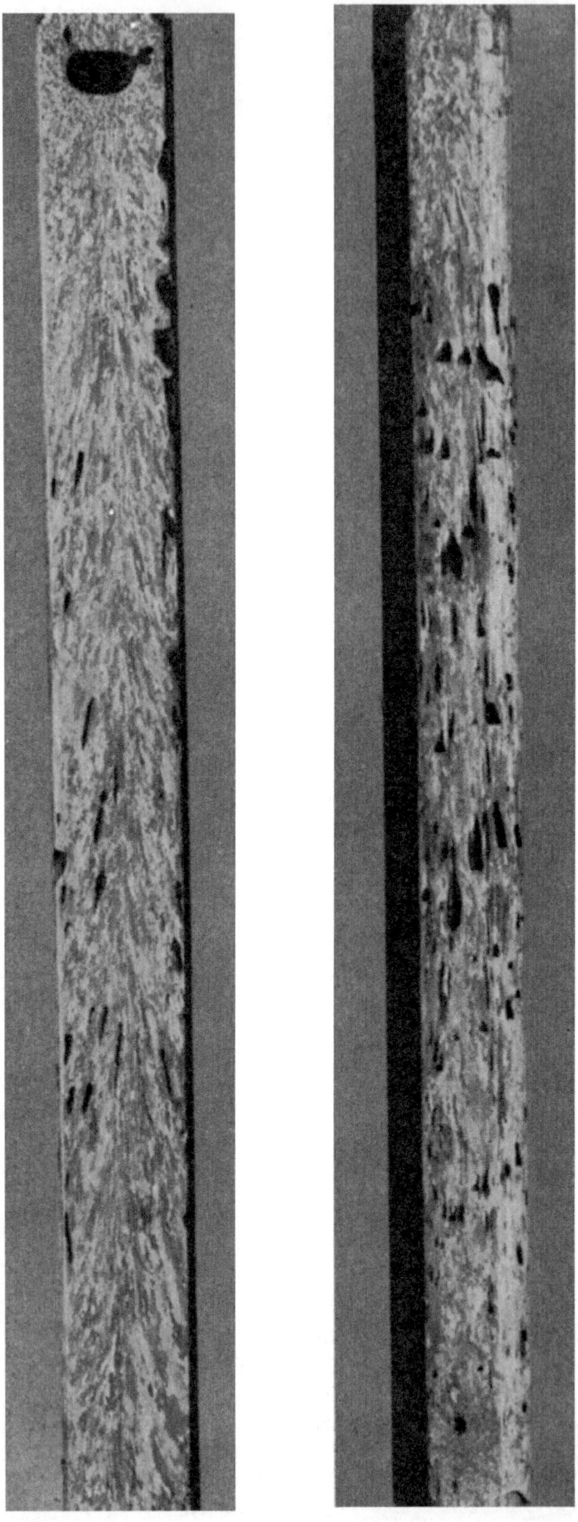

Abb. 8
Ausbildung von Gasblasen im Stabinneren beim Zonenschmelzen von Armcoeisen im Tonerdetiegel (Vergrößerung 1:2)
a) Staboberseite
b) Stabunterseite

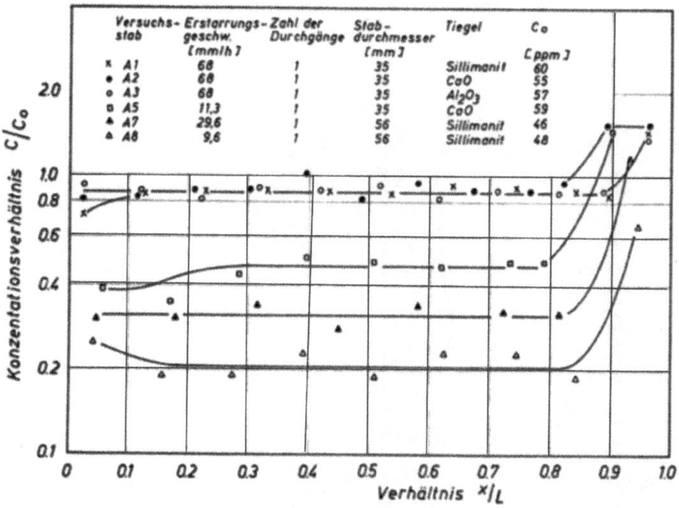

Abb. 9 Stickstoffverteilung nach dem Zonenschmelzen von Stäben aus Armcoeisen

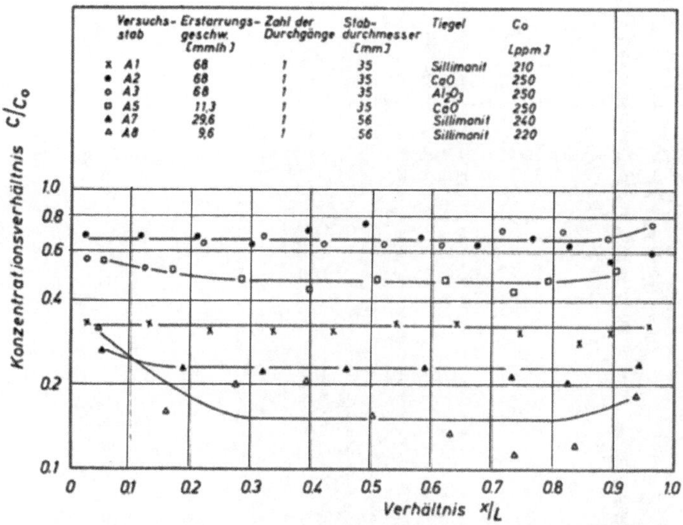

Abb. 10 Manganverteilung nach dem Zonenschmelzen von Stäben aus Armcoeisen

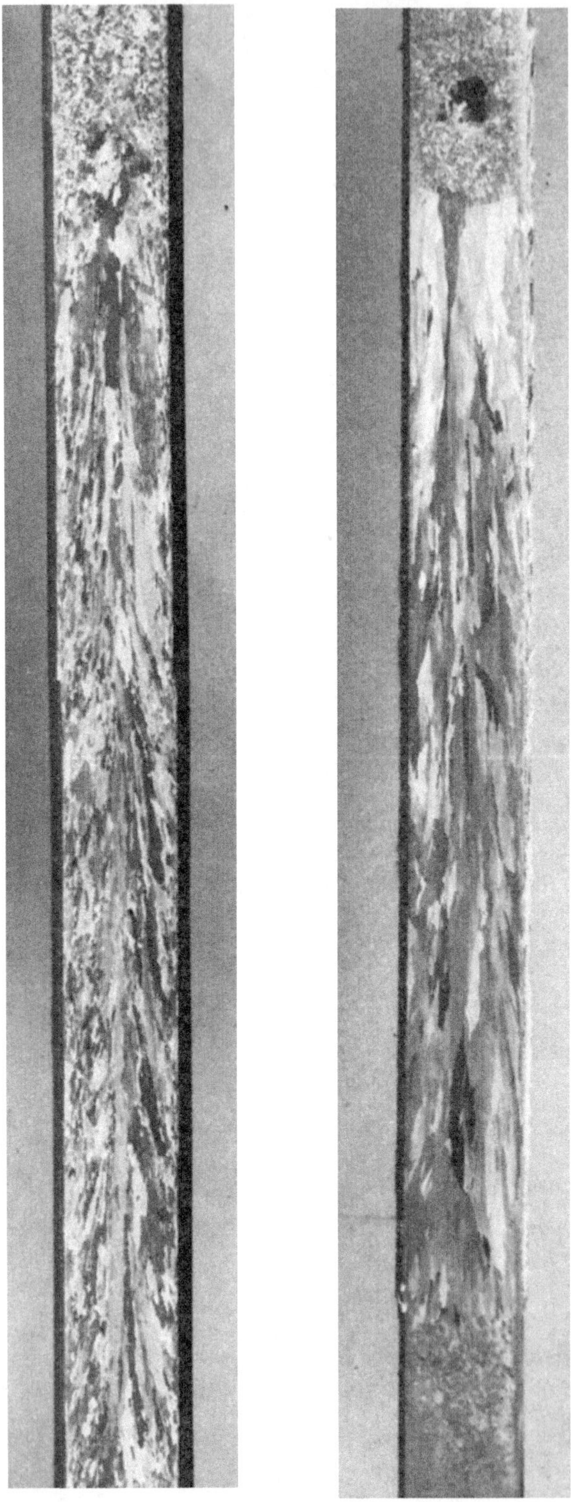

Abb. 11
Ausbildung des Makrogefüges in 35-mm-Stäben aus Armcoeisen nach dem Zonenschmelzen mit verschiedenen Erstarrungsgeschwindigkeiten (Vergrößerung 1:2)

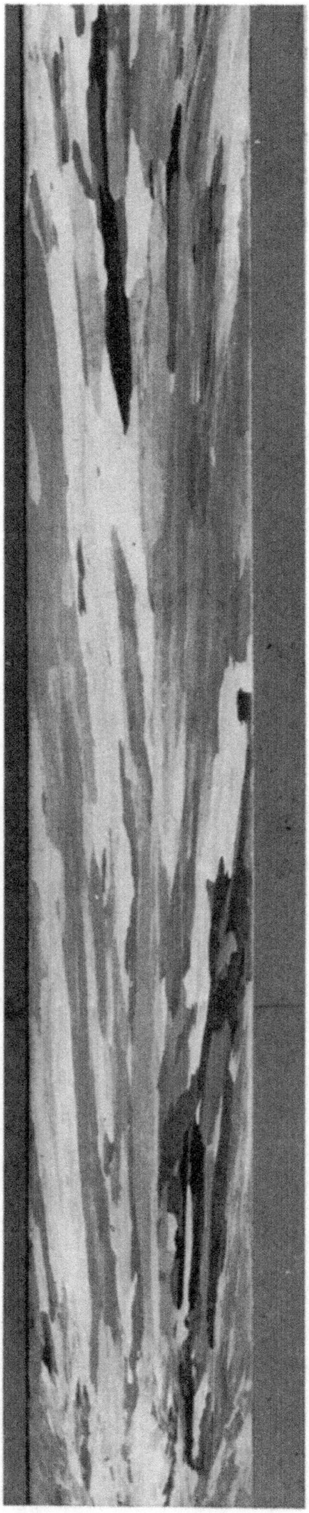

Abb. 12
Ausbildung des Makrogefüges in 56-mm-Stäben aus Armcoeisen nach dem Zonenschmelzen mit 9,6 mm/h (Vergrößerung 1:2)

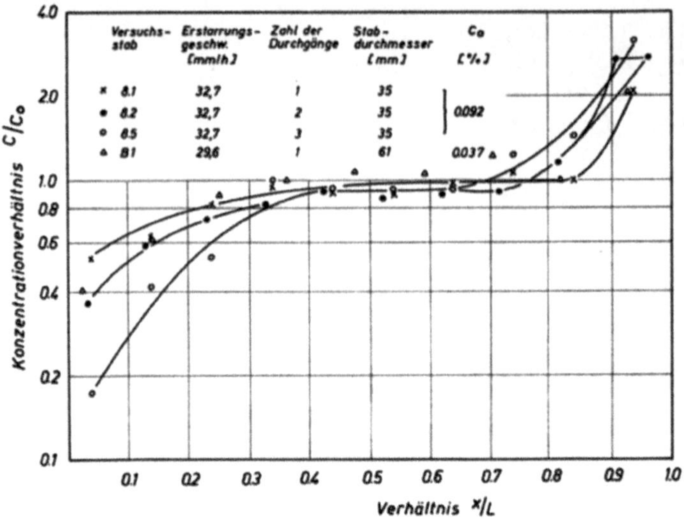

Abb. 13 Phosphorverteilung nach dem Zonenschmelzen von Stäben aus den Dynamostählen 8 und 18

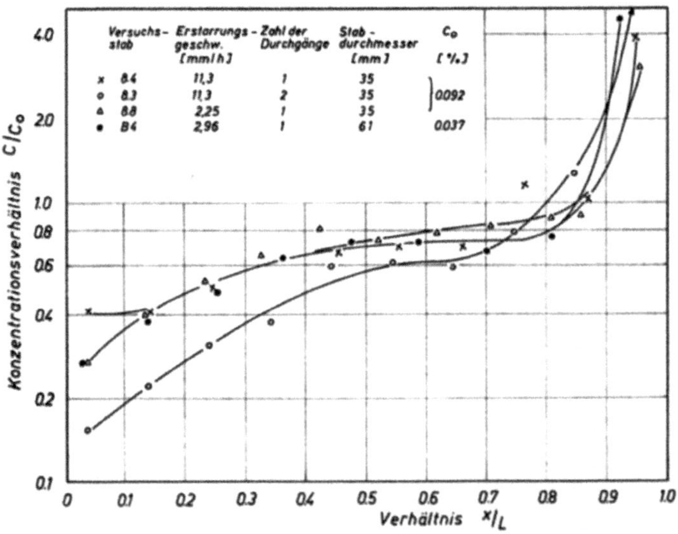

Abb. 14 Phosphorverteilung nach dem Zonenschmelzen von Stäben aus den Dynamostählen 8 und 18

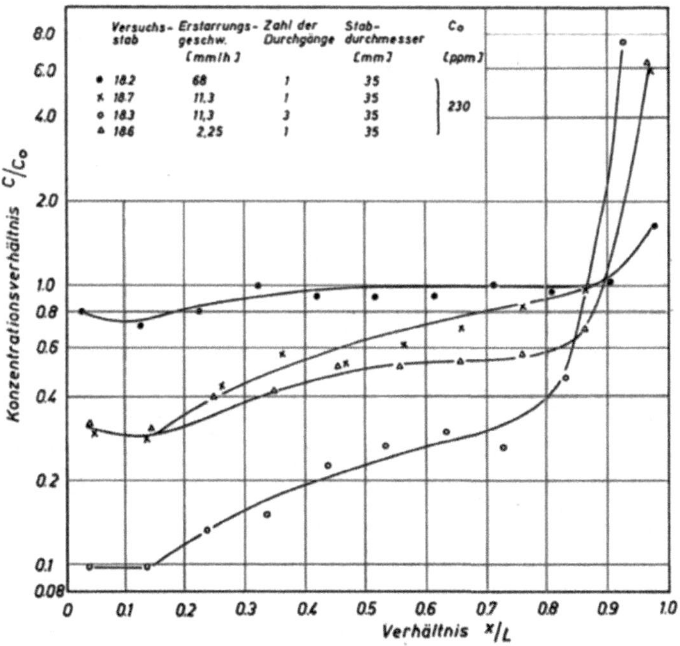

Abb. 15 Kohlenstoffverteilung nach dem Zonenschmelzen von Stäben aus dem Dynamostahl 18

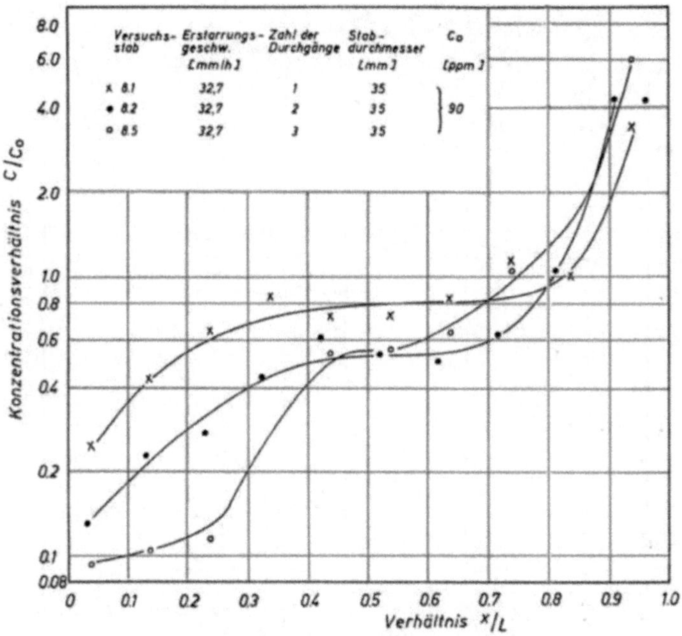

Abb. 16 Schwefelverteilung nach dem Zonenschmelzen von Stäben aus Dynamostahl 8

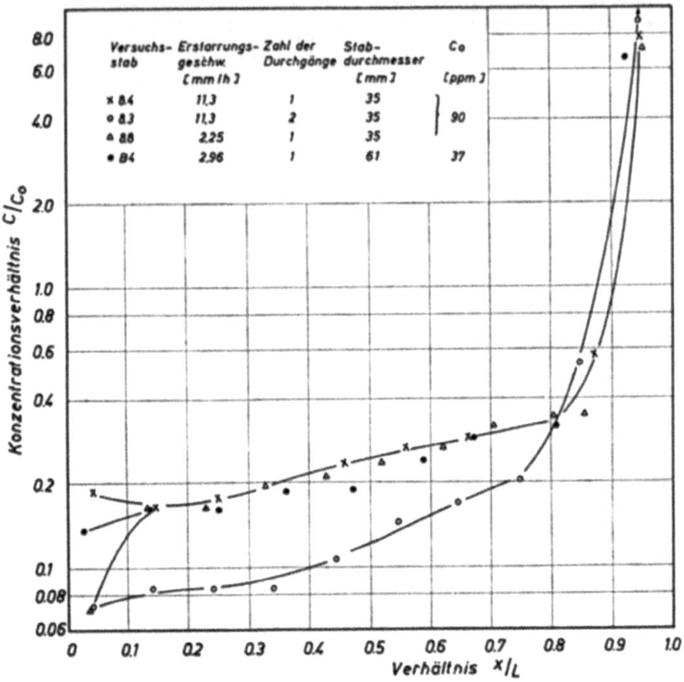

Abb. 17 Schwefelverteilung nach dem Zonenschmelzen von Stäben aus den Dynamostählen 8 und 18

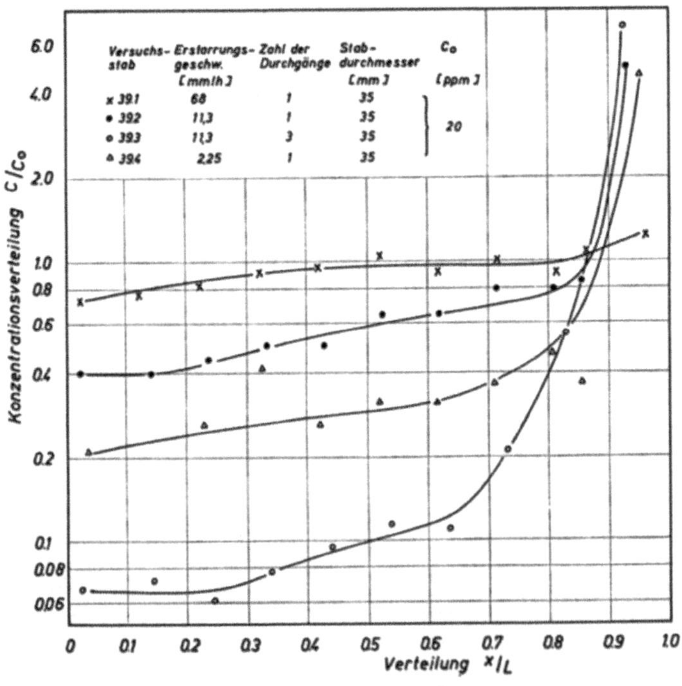

Abb. 18 Schwefelverteilung nach dem Zonenschmelzen von Stäben aus Transformatorstahl 39

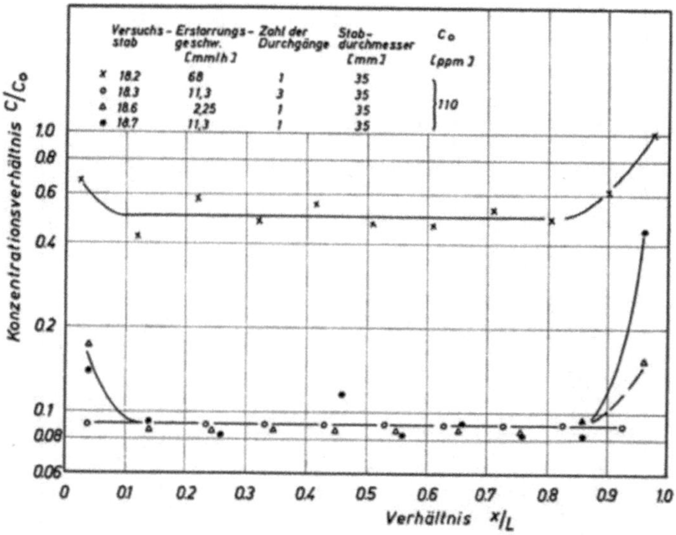

Abb. 19 Stickstoffverteilung nach dem Zonenschmelzen von Stäben aus Dynamostahl 18

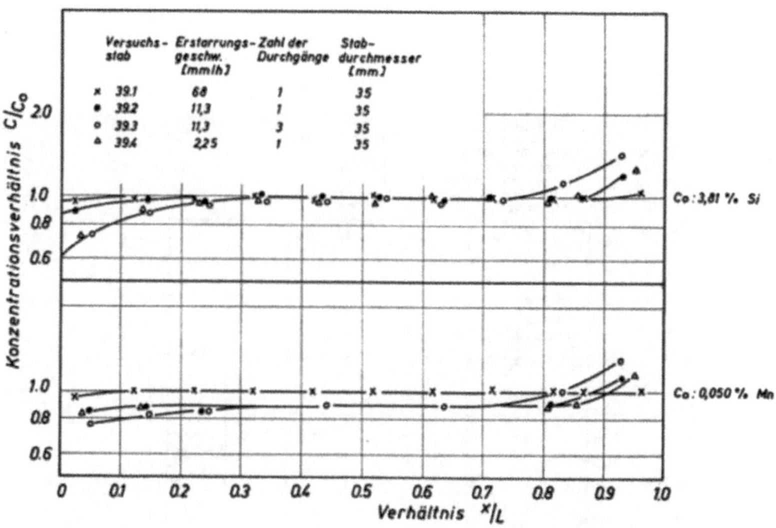

Abb. 20 Silizium- und Manganverteilung nach dem Zonenschmelzen von Stäben aus Transformatorstahl 39

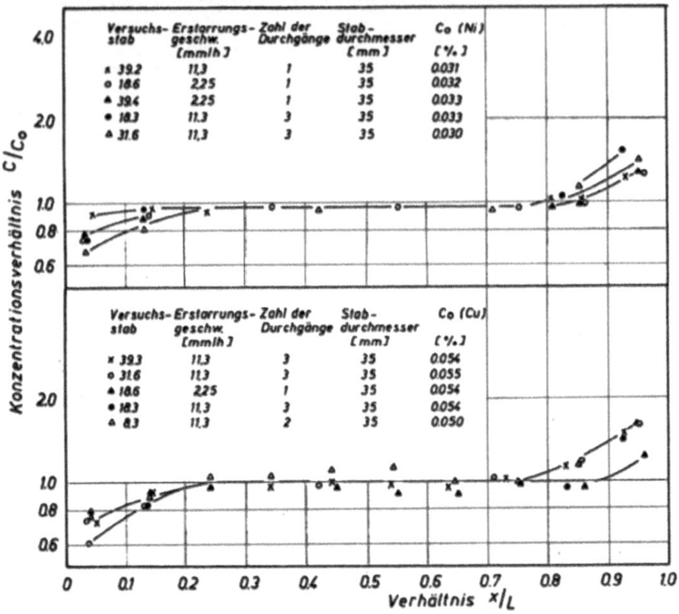

Abb. 21 Nickel- und Kupferverteilung nach dem Zonenschmelzen von Stäben aus den Dynamostählen 8 und 18 und den Transformatorstählen 31 und 39

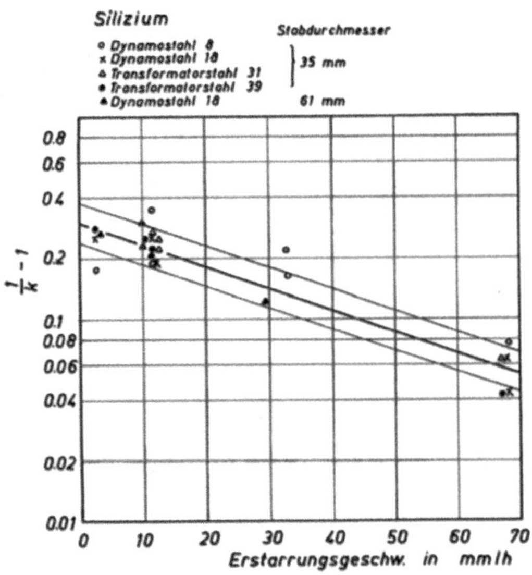

Abb. 22 Ermittelte $\left(\frac{1}{k} - 1\right)$-Werte für Silizium in Abhängigkeit von der Erstarrungsgeschwindigkeit

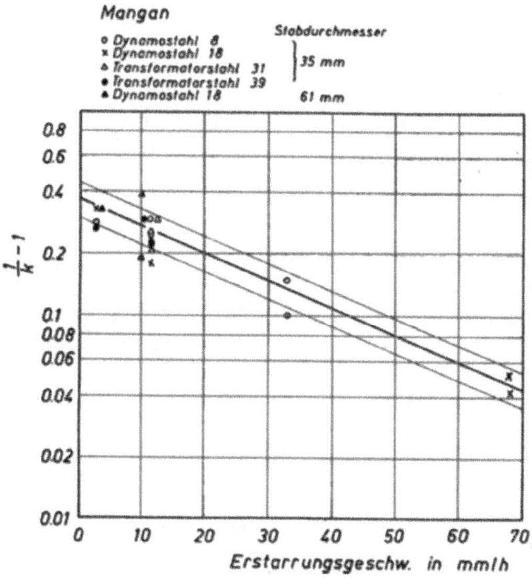

Abb. 23 Ermittelte $\left(\frac{1}{k} - 1\right)$-Werte für Mangan in Abhängigkeit von der Erstarrungsgeschwindigkeit

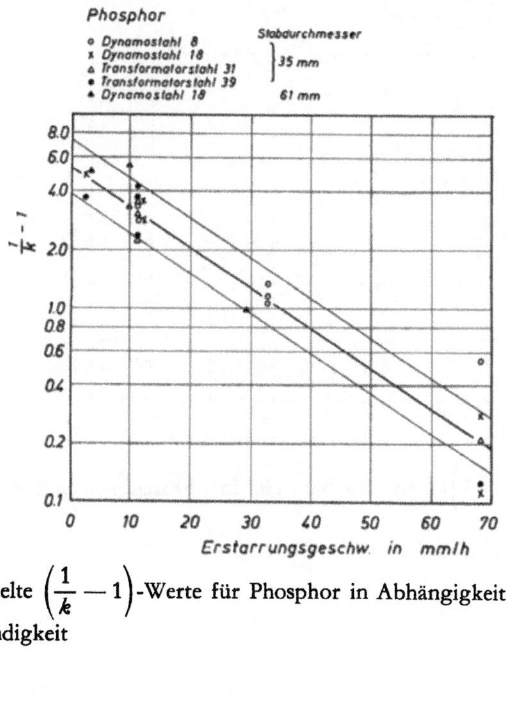

Abb. 24 Ermittelte $\left(\frac{1}{k} - 1\right)$-Werte für Phosphor in Abhängigkeit von der Erstarrungsgeschwindigkeit

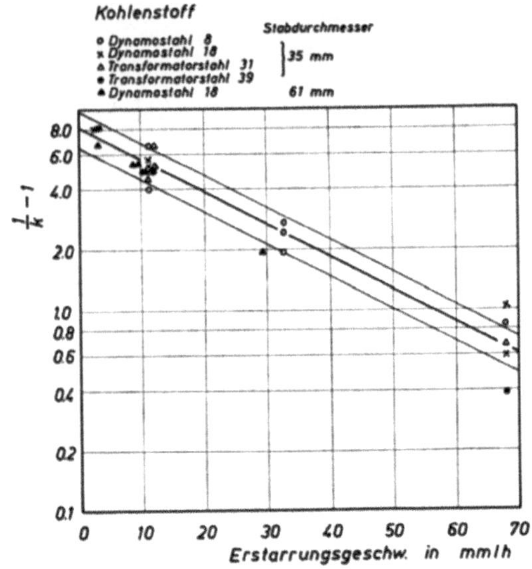

Abb. 25 Ermittelte $\left(\frac{1}{k} - 1\right)$-Werte für Kohlenstoff in Abhängigkeit von der Erstarrungsgeschwindigkeit

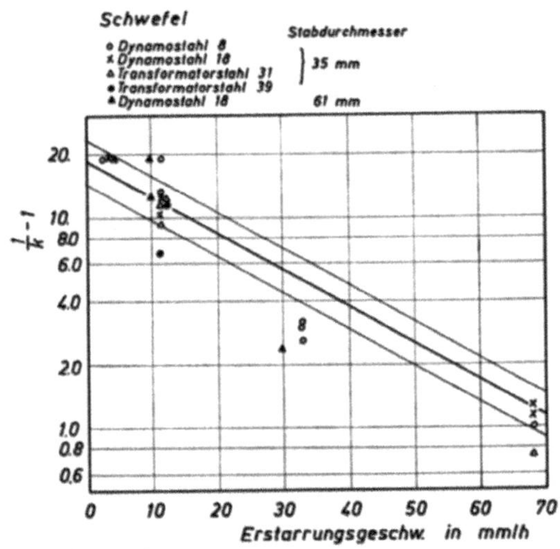

Abb. 26 Ermittelte $\left(\frac{1}{k} - 1\right)$-Werte für Schwefel in Abhängigkeit von der Erstarrungsgeschwindigkeit

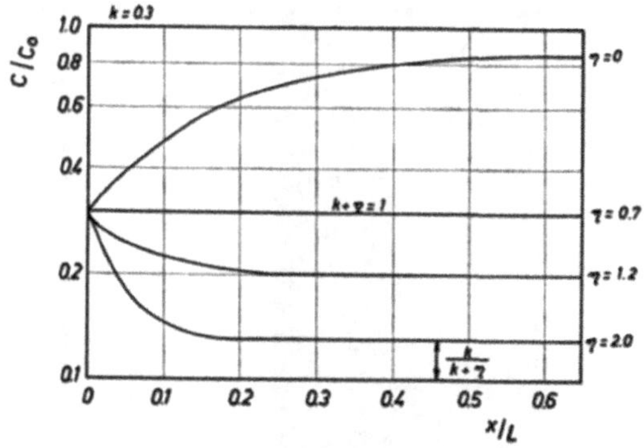

Abb. 27 Konzentrationsverteilung nach einem Zonendurchgang unter Berücksichtigung der Abdampfung von Fremdatomen (k = const, $L = 10\,l$)

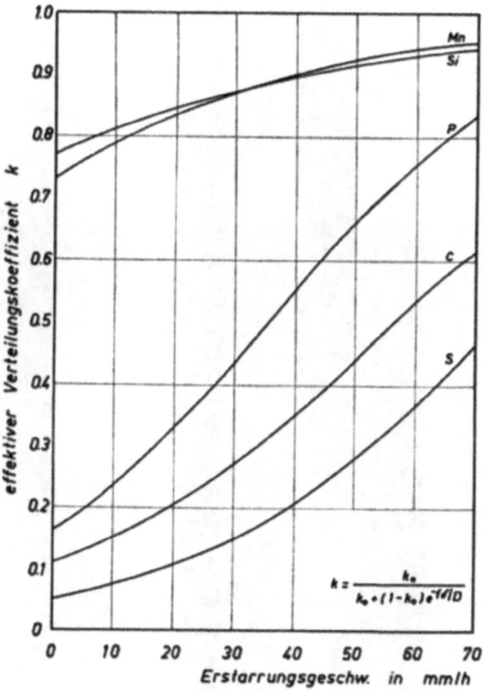

Abb. 28 Der effektive Verteilungskoeffizient als Funktion der Erstarrungsgeschwindigkeit

Abb. 29 Makrogefüge von Eisen–Silizium-Stählen mit mehr als 1,8% Si nach dem Zonenschmelzen mit verschiedenen Erstarrungsgeschwindigkeiten

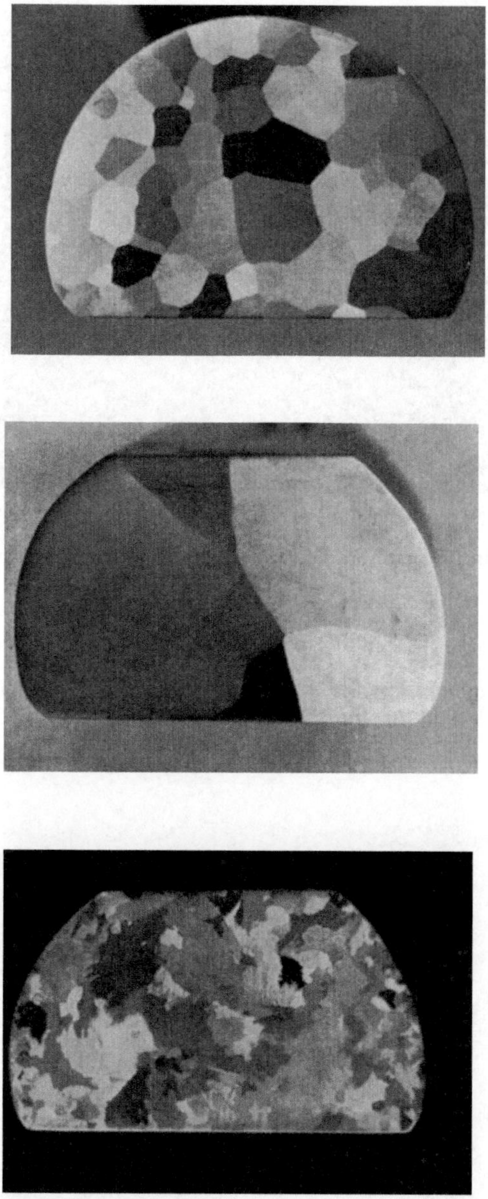

Abb. 30 Makrogefüge von zonengeschmolzenen Eisen–Silizium-Stählen
a) Erstarrungsgeschwindigkeit: 68 mm/h
Dynamostahl 18 mit 1,8% Si
b) Erstarrungsgeschwindigkeit: 11,3 mm/h
Transformatorstahl 31 mit 2,95% Si
c) Erstarrungsgeschwindigkeit: 2,25 mm/h
Dynamostahl 8 mit 0,8% Si

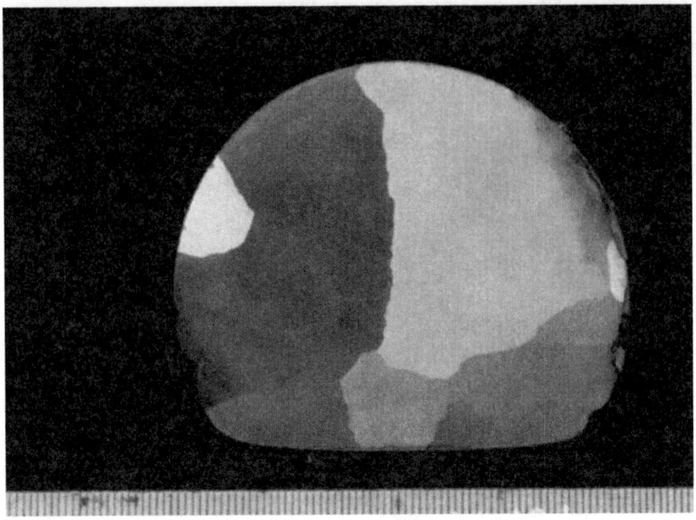

Abb. 31 Makrogefüge eines 61-mm-Stabes aus Dynamostahl 18 nach dem Zonenschmelzen mit 9,6 mm/h
(Querschnitt)

Forschungsberichte des Landes Nordrhein-Westfalen

Herausgegeben im Auftrage des Ministerpräsidenten Heinz Kühn
von Staatssekretär Professor Dr. h. c. Dr. E. h. Leo Brandt

Sachgruppenverzeichnis

Acetylen · Schweißtechnik
Acetylene · Welding gracitice
Acétylène · Technique du soudage
Acetileno · Técnica de la soldadura
Ацетилен и техника сварки

Arbeitswissenschaft
Labor science
Science du travail
Trabajo científico
Вопросы трудового процесса

Bau · Steine · Erden
Constructure · Construction material · Soil research
Construction · Matériaux de construction · Recherche souterraine
La construcción · Materiales de construcción · Reconocimiento del suelo
Строительство и строительные материалы

Bergbau
Mining
Exploitation des mines
Minería
Горное дело

Biologie
Biology
Biologie
Biologia
Биология

Chemie
Chemistry
Chimie
Quimica
Химия

Druck · Farbe · Papier · Photographie
Printing · Color · Paper · Photography
Imprimerie · Couleur · Papier · Photographie
Artes gráficas · Color · Papel · Fotografía
Типография · Краски · Бумага · Фотография

Eisenverarbeitende Industrie
Metal working industry
Industrie du fer
Industria del hierro
Металлообработывающая промышленность

Elektrotechnik · Optik
Electrotechnology · Optics
Electrotechnique · Optique
Electrotécnica · Optica
Электротехника и оптика

Energiewirtschaft
Power economy
Energie
Energía
Энергетическое хозяйство

Fahrzeugbau · Gasmotoren
Vehicle construction · Engines
Construction de véhicules · Moteurs
Construcción de vehículos · Motores
Производство транспортных средств

Fertigung
Fabrication
Fabrication
Fabricación
Производство

Funktechnik · Astronomie
Radio engineering · Astronomy
Radiotechnique · Astronomie
Radiotécnica · Astronomía
Радиотехника и астрономия

Gaswirtschaft
Gas economy
Gaz
Gas
Газовое хозяйство

Holzbearbeitung
Wood working
Travail du bois
Trabajo de la madera
Деревообработка

Hüttenwesen · Werkstoffkunde
Metallurgy · Materials research
Métallurgie · Materiaux
Metalurgia · Materiales
Металлургия и материаловедение

Kunststoffe
Plastics
Plastiques
Plásticos
Пластмассы

Luftfahrt · Flugwissenschaft
Aeronautics · Aviation
Aéronautique · Aviation
Aeronáutica · Aviación
Авиация

Luftreinhaltung
Air-cleaning
Purification de l'air
Purificación del aire
Очищение воздуха

Maschinenbau
Machinery
Construction mécanique
Construcción de máquinas
Машиностроительство

Mathematik
Mathematics
Mathématiques
Mathemáticas
Математика

Medizin · Pharmakologie
Medicine · Pharmacology
Médecine · Pharmacologie
Medicina · Farmacología
Медицина и фармакология

NE-Metalle
Non-ferrous metal
Metal non ferreux
Metal no ferroso
Цветные металлы

Physik
Physics
Physique
Física
Физика

Rationalisierung
Rationalizing
Rationalisation
Racionalización
Рационализация

Schall · Ultraschall
Sound · Ultrasonics
Son · Ultra-son
Sonido · Ultrasónico
Звук и ультразвук

Schiffahrt
Navigation
Navigation
Navegación
Судоходство

Textilforschung
Textile research
Textiles
Textil
Вопросы текстильной промышленности

Turbinen
Turbines
Turbines
Turbinas
Турбины

Verkehr
Traffic
Trafic
Tráfico
Транспорт

Wirtschaftswissenschaften
Political economy
Economie politique
Ciencias económicas
Экономические науки

Einzelverzeichnis der Sachgruppen bitte anfordern

Westdeutscher Verlag · Köln und Opladen
567 Opladen/Rhld., Ophovener Straße 1–3, Postfach 1620

GPSR Compliance

The European Union's (EU) General Product Safety Regulation (GPSR) is a set of rules that requires consumer products to be safe and our obligations to ensure this.

If you have any concerns about our products, you can contact us on ProductSafety@springernature.com

In case Publisher is established outside the EU, the EU authorized representative is:

Springer Nature Customer Service Center GmbH
Europaplatz 3
69115 Heidelberg, Germany

Batch number: 10577876

Printed by Printforce, the Netherlands